Andrea Schimbeno

Das Bewerbungsgespräch für Dummies

Das Pocketbuch

WILEY-VCH Verlag GmbH & Co. KGaA

Bibliografische Information der Deutschen Nationalbibliothek
Die Deutsche Nationalbibliothek verzeichnet diese Publikation in der
Deutschen Nationalbibliografie; detaillierte bibliografische Daten sind im
Internet über http://dnb.d-nb.de abrufbar.

1. Auflage 2009

© 2009 WILEY-VCH Verlag GmbH & Co. KGaA, Weinheim

Wiley, the Wiley logo, Für Dummies, the Dummies Man logo, and related trademarksated trade dress are trademarks or registered trademarks of John Wiley & Sons, Inc.
and/or its affiliates, in the United States and other countries. Used by permission.

Wiley, die Bezeichnung »Für Dummies«, das Dummies-Mann-Logo und darauf bezogene Gestaltungen sind Marken oder eingetragene Marken von John Wiley & Sons,
Inc., USA, Deutschland und in anderen Ländern.

Das vorliegende Werk wurde sorgfältig erarbeitet. Dennoch übernehmen Autoren und
Verlag für die Richtigkeit von Angaben, Hinweisen und Ratschlägen sowie für eventuelle Druckfehler keine Haftung.

Mehr über das Bewerbungsgespräch erfahren Sie in »Erfolgreich bewerben für Dummies«.

Printed in Germany
Gedruckt auf säurefreiem Papier

Korrektur   Harriet Gehring, Köln
Satz   Conrad und Lieselotte Neumann, München
Druck und Bindung   AALEXX Buchproduktion GmbH, Großburgwedel

ISBN 978-3-527-70491-0

Das Bewerbungsgespräch für Dummies – Schummelseite

Gut vorbereitet ins Vorstellungsgespräch

- ✔ Sie beherrschen Ihren Lebenslauf vorwärts wie rückwärts.

- ✔ Sie studieren Ihr Anschreiben nochmals vor Ihrem Gespräch, damit Sie wissen, was Sie geschrieben und vor allem welche Ihrer Eigenschaften Sie besonders hervorgehoben haben.

- ✔ Sie informieren sich gut über das Unternehmen, bei dem Sie vorstellig werden.

- ✔ Sie machen sich frühzeitig auf den Weg, damit Sie nicht einen ersten negativen Eindruck als »Zuspätkommer« machen.

- ✔ Ihre Kleidung ist angemessen, und Sie sind gut, aber nicht übertrieben durchgestylt.

- ✔ Sie denken daran, dass Ihre Körpersprache eine ganze Menge über Sie verrät! Verhalten Sie sich also entsprechend und vergessen Sie Ihr Lächeln nicht!

- ✔ Sie haben sich intensiv auf mögliche Fragen vorbereitet und gute Antworten parat.

Auf Ihr Vorstellungsgespräch werden Sie intensiv mit den Kapiteln 1, 2, 3, 4, 5 und 6 vorbereitet.

Das Bewerbungsgespräch für Dummies – Schummelseite

Keine Angst vor Übungsaufgaben

✔ Verfallen Sie nicht in Panik, auch wenn Sie mal die eine oder andere Frage und Aufgabe nicht gleich verstehen. Schließlich haben Sie sich vorbereitet und wissen genau, dass sich jede Aufgabe scheibchenweise zerlegen und lösen lässt.

✔ Lesen Sie die Ihnen gestellten Aufgaben genau und trauen Sie sich ruhig auch mal nachzufragen, wenn Ihnen etwas absolut unklar ist.

✔ Handeln Sie nach dem Motto »Erst Gehirn einschalten, dann reden«. Überlegen Sie gut, was Sie sagen und wann Sie etwas sagen wollen. Formulieren Sie so, dass Sie auch von anderen verstanden werden.

✔ Bleiben Sie konzentriert und lassen Sie sich nicht von anderen ablenken. Auch wenn es Ihnen phasenweise schwerfällt. Die Aufgabe und Frage, die Sie lösen und beantworten müssen, ist jetzt erst mal das Wichtigste.

✔ Lassen Sie sich nicht provozieren. Sie sind nicht zum Streiten gekommen, sondern um ein gutes Vorstellungsgespräch zu führen und Ihr diplomatisches Geschick unter Beweis zu stellen.

✔ Bleiben Sie authentisch! Nur dann können Sie überzeugen.

Wie Sie sich bei den verschiedenen Aufgabenstellungen verhalten, erfahren Sie in den Kapitel 5, 7, 8 und 9. Schließlich kann es durchaus passieren, dass Sie sich sogar mit Mitbewerbern arrangieren müssen. Ganz schön anstrengend!

Inhaltsverzeichnis

Einführung — 7

Teil I
Gute Vorbereitung ist wichtig — 11

Kapitel 1
Das erwartet Sie in jedem Vorstellungsgespräch — 13

Kapitel 2
Nicht nur Kleider machen Leute — 21

Kapitel 3
Ihre »Außenwirkung« — 29

Teil II
Ablauf eines Vorstellungsgespräches — 37

Kapitel 4
Der Start: Warming-up-Phase — 39

Kapitel 5
Jetzt geht's ans Eingemachte — 47

Kapitel 6
Wenn das Gesprächsende naht — 57

Teil III
Gruppeninterview gehört dazu — 67

Kapitel 7
Alle auf einmal! Das Gruppeninterview — 69

Kapitel 8
Jetzt wird diskutiert: in drei Phasen 75

Kapitel 9
Werden Sie aktiv, aber richtig 85

Teil IV
Der Top-Ten-Teil 95

Kapitel 10
Die Top-Ten-Fragen, auf die Sie vorbereitet sein sollten 97

Kapitel 11
Zehn Tipps für Fragen zum Eingemachten 105

Kapitel 12
Die zehn wichtigsten Tipps für gute Vorstellungsgespräche 115

Stichwortverzeichnis 125

Einführung

Ein Ratgeber für eine optimale Vorbereitung auf Ihr Vorstellungsgespräch? Zu dem Thema gibt es doch schon Lektüre in Hülle und Fülle. Richtig. Aber welches Buch nimmt Sie schon an der Hand und zeigt Ihnen Schritt für Schritt, was alles zum erfolgreichen Absolvieren eines Vorstellungsgesprächs dazu gehört?

Über dieses Buch

Dieses Buch nimmt Sie an die Hand und erklärt Ihnen, was Sie alles in einem Vorstellungsgespräch erwarten kann. Es ist kein wissenschaftlich orientierter Ratgeber, der Sie mit Fachbegriffen zuschüttet und Ihnen »den einzig richtigen Weg zum erfolgreichen Vorstellungsgespräch« zeigt.

Dieses Buch ist praxisorientiert und gibt Ihnen wertvolle Tipps und Orientierungshilfen. Manches werden Sie annehmen und umsetzen oder auch mal mit einem »das kommt für mich nicht in Frage« ad acta legen. Wie Sie während Ihres Vorstellungsgesprächs vorgehen wollen, ist am Ende Ihre ganz persönliche Entscheidung. Prima wäre es, wenn Sie mit Hilfe dieses Buches bei Ihren Vorstellungsgesprächen eine gewisse Experimentierfreude entwickeln, sich neue Strategien überlegen und sogar ausprobieren. Vorstellungsgespräche müssen nicht immer nach Schema F ablaufen. Sie dürfen durchaus selbst kreativ werden.

Wie Sie dieses Buch verwenden

Das Bewerbungsgespräch für Dummies richtet sich an weibliche wie männliche Leser. Der Einfachheit halber habe ich mich für die männliche Version in diesem Buch entschieden.

Sie werden also durchweg »nur« mit *dem Bewerber* angesprochen. Dies stellt aber absolut keine Wertung dar oder ist für Sie, liebe weibliche Leser, eine Benachteiligung im Sinne des Allgemeinen Gleichbehandlungsgesetzes.

Damit Sie dieses Buch auch als praktisches Nachschlagewerk nutzen können, möchte ich noch folgende Vereinbarungen mit Ihnen treffen:

- *Kursivdruck* benutze ich, um wichtige Aussagen hervorzuheben und Sie auf konkrete Begriffe aufmerksam zu machen, die anschließend erläutert werden.
- **Fett gedruckte Wörter** sind Signalwörter in gegliederten Aufzählungen.

Wie dieses Buch aufgebaut ist

Dieses Buch besteht aus vier Teilen, die wiederum in einzelne Kapitel zu verschiedenen Themen gegliedert sind. Die Kapitel sind in sich abgeschlossene Einheiten, sodass Sie sich nicht von Kapitel zu Kapitel arbeiten müssen, sondern selbst die Reihenfolge bestimmen, in der Sie die Kapitel lesen. Hier ist ein Überblick, was Sie in den einzelnen Teilen finden:

Teil I: Gute Vorbereitung ist wichtig

In drei Kapiteln erfahren Sie, dass nicht nur Ihr Lebenslauf, sondern auch »Äußerlichkeiten« eine bedeutende Rolle in Ihrem Vorstellungsgespräch spielen.

Teil II: Ablauf eines Vorstellungsgesprächs
Jetzt kommt Arbeit auf Sie zu! Drei Kapitel erklären Ihnen ausführlich, was Sie alles im Vorstellungsgespräch erwarten kann, mit welchen Fragen und Aufgaben Sie hier bereits konfrontiert werden können und was Sie keinesfalls vergessen sollten.

Teil III: Gruppeninterview gehört dazu
Ganze drei Kapitel führen Sie sukzessive durch Ihr Gruppeninterview. Sie lernen, was Sie an Aufgabenstellungen erwarten kann und wie Sie sich geschickt und diplomatisch in solchen Stresssituationen verhalten.

Teil IV: Der Top-Ten-Teil
Der letzte Teil meines Buches hält viele nützliche Tipps für Sie bereit und sorgt dafür, dass Sie auf jede Menge Fragen vorbereitet sein werden!

Symbole, die in diesem Buch verwendet werden
Dieses Buch arbeitet mit nur drei *Symbolen,* kleinen Grafiken an den Seitenrändern, die Ihnen nützliche Hinweise geben:

Dieses Symbol präsentiert Ihnen Ideen und Tipps und erklärt Ihnen, wie Sie diese in der Praxis umsetzen können.

Wie die Optik schon zeigt, kommt hier eine Warnung: Vermeiden Sie diese Dinge unbedingt in Ihrem Vorstellungsgespräch.

Dieses Symbol signalisiert einen Gedanken, den Sie für Ihr Vorstellungsgespräch im Hinterkopf behalten sollten.

Wie es weitergeht ...

... liegt ganz bei Ihnen. Ob Sie jetzt nacheinander Kapitel für Kapitel lesen oder nur die Kapitel zu Rate ziehen, die Sie interessieren, bleibt Ihnen überlassen. Eine Bitte habe ich an Sie: Wo auch immer Ihr Interessenschwerpunkt liegt, beginnen Sie mit den Kapiteln 1, 2 und 3, weil diese Ihnen die Grundlagen für Ihr erfolgreiches Vorstellungsgespräch vermitteln. Und nun: Viel Spaß beim Lesen!

Teil I
Gute Vorbereitung ist wichtig

In diesem Teil ...

Sie sind zu Ihrem Vorstellungsgespräch eingeladen! Super! Sie haben die erste Hürde geschafft! Jetzt kommt Ihr perfekter Auftritt! Sie lernen Ihren potenziellen neuen Arbeitgeber persönlich kennen. In Kapitel 1 erfahren Sie, was auf jeden Fall in Ihrem Vorstellungsgespräch von Ihnen erwartet wird, Kapitel 2 und 3 erklären Ihnen ausführlich, wie Sie mit »Äußerlichkeiten« und Ihrer ganz persönlichen Ausstrahlung Ihren potenziellen neuen Arbeitgeber beeindrucken.

Das wissen Sie schon alles? Na, schaun mer mal ...

Das erwartet Sie in jedem Vorstellungsgespräch 1

> **In diesem Kapitel**
> - ✔ Das A und O ist Ihr Lebenslauf
> - ✔ Kennen Sie die Firma, bei der Sie vorstellig werden
> - ✔ Informiert sein gehört dazu

Wenn Sie nicht zu den absolut coolen Menschen gehören, die nahezu alle Lebenslagen locker und leicht aus dem Stegreif meistern, dann sollten Sie eine grundsätzliche Strategie entwickeln, mit der Sie gut und entspannt Ihr Vorstellungsgespräch meistern. Wissen ist Macht! Auch in diesem Fall.

Ihr Lebenslauf

Klar haben Sie den im Kopf! Sie haben ihn ja schließlich auch geschrieben! Sind Sie sicher, dass Sie wirklich den »richtigen« Lebenslauf im Kopf haben? Wieso? Sie haben doch genauestens überlegt, ob und wie Sie Ihren Lebenslauf am besten an die Anforderungen des Stellenangebotes anpassen. Dabei haben Sie bewusst das eine oder andere weggelassen. Nun stellen Sie sich mal vor, Sie werden nach Ihrem Lebenslauf gefragt, sprudeln ohne Punkt und Komma los und erzählen natürlich auch das, was Sie nicht unbedingt in diesem Lebenslauf stehen haben. Schön peinlich! Und dabei haben Sie doch ganz bewusst Ihre Schwerpunkte gesetzt!

Es muss aber nicht peinlich für Sie werden. Checken Sie einen Tag vor Ihrem Vorstellungsgespräch noch mal in aller Ruhe Ihren Lebenslauf:

- Was genau haben Sie im Lebenslauf alles aufgeführt?
- Was sind die wichtigsten Stationen in Ihrem Lebenslauf?

    Und zwar einmal in beruflicher Hinsicht:

    Wo haben Sie zum Beispiel die meiste Praxiserfahrung gesammelt?

    Welcher Job hat ganz besondere Anforderungen an Sie gestellt? Was waren das für Anforderungen und wie haben Sie diese gemeistert?

    Sind Sie rasant die Karriereleiter hinaufgeklettert? Wodurch?

    Und auch für Sie persönlich:

    Gab es Ereignisse, die Ihrem Leben eine neue Richtung gegeben haben oder zu besonderen Veränderungen geführt haben?

- Über welche besonderen Erfahrungen/Kenntnisse verfügen Sie (in diesem Lebenslauf)?
- Welche Hobbys haben Sie angegeben?

Ihr Lebenslauf zeigt doch deutlich, dass Sie genau auf diesen Job hingearbeitet haben. Der rote Faden ist das Nonplusultra. Ihr Gesprächspartner erkennt, dass Sie sich ja gar nicht woanders hätten bewerben können. Sie sind der optimale Kandidat für den Job, den er zu bieten hat!

> *Verlieren Sie nicht den roten Faden*
> Springen Sie nicht wie ein aufgescheuchtes Kaninchen durch Ihren Lebenslauf! Wenn Sie nach Ihrer beruflichen Entwicklung gefragt werden, beginnen Sie bei A wie Ausbildung, erklären Sie in der richtigen zeitlichen Reihenfolge, was Sie nach der Ausbildung gemacht haben, bis Sie dann beim Hier und Heute sind und jedem klar wird, dass Sie sich um diesen Job bewerben müssen.

Ihren Lebenslauf haben Sie jetzt also auf der Pfanne – klasse! Und weiter geht's …

Was steht in Ihrem Anschreiben?

Eine Ihrer leichtesten Übungen: Sie haben das Anschreiben formuliert und dabei ganz genau überlegt, was Sie schreiben und warum Sie es so schreiben. Vor allem haben Sie auch hier auf die Anforderungen des Stellenangebotes geachtet. Also checken Sie spätestens einen Tag vor Ihrem großen Auftritt nochmals intensiv:

- ✔ Auf welche Stelle habe ich mich beworben?
- ✔ Wann habe ich mich beworben?
- ✔ Kenne ich schon einen Ansprechpartner?
- ✔ Warum habe ich mich gerade auf diese Stelle beworben? Wie habe ich meine Gründe im Anschreiben dokumentiert und formuliert?

- ✔ Auf welche Anforderungen bin ich schon eingegangen? Warum kann ich diese Anforderungen auch erfüllen – welche Gründe habe ich hier schon genannt?

- ✔ Gibt's Anforderungen, zu denen ich noch nichts gesagt habe? Warum kann ich die nicht erfüllen? Oder habe ich ganz bewusst nichts geschrieben, weil ich es kann und mir wünsche, danach gefragt zu werden, um dann mit meinem Können noch mehr zu glänzen? Was sage ich, wenn ich gefragt werde?

- ✔ Was habe ich noch nicht verraten? Gibt's zusätzliche Infos wie zum Beispiel »Was Sie sonst noch über mich wissen sollten« oder kennt das Unternehmen alle meine Geheimnisse?

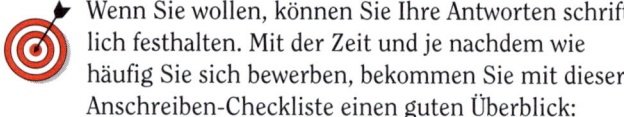

Wenn Sie wollen, können Sie Ihre Antworten schriftlich festhalten. Mit der Zeit und je nachdem wie häufig Sie sich bewerben, bekommen Sie mit dieser Anschreiben-Checkliste einen guten Überblick:

- ✔ Wie Sie formulieren und argumentieren

- ✔ Wo Sie gerne Schwerpunkte zum Beispiel bei den Unternehmensanforderungen setzen

Überlegen Sie mal, was Sie mit Ihren Antworten auf die verschiedenen Fragen aussagen? Genau: Wer Sie sind! Und ganz besonders, welche Stärken Sie haben und wie Sie diese Stärken Ihrem Gesprächspartner noch deutlicher machen können! Also ran an die Arbeit, damit auch Ihr Anschreiben perfekt sitzt!

Informationen über das betreffende Unternehmen

... bekommen Sie früh genug bei Ihrem Vorstellungsgespräch! Niemals! Je mehr Sie wissen, desto bewusster können Sie im Vorstellungsgespräch auftreten.

Informationen über das Unternehmen finden Sie am einfachsten übers Internet, nämlich über die Homepage des Unternehmens. Die erzählt Ihnen eine ganze Menge:

- ✔ Sie finden (hoffentlich) eine Sprachauswahl, zum Beispiel Deutsch und Englisch – das zeigt Ihnen schon mal, ob und wie international orientiert das Unternehmen ist.
- ✔ Dann gibt es eine Menüleiste, die mit den grundsätzlichen Informationen über das Unternehmen beginnt. Dazu zählen:

Unternehmensprofil oder auch Wir über uns

Hier steht alles über

> Die Gesellschafter, das Management, Ausrichtung und Unternehmensziele, Zahlen und Fakten (zum Beispiel der letzte Geschäftsbericht), die Mitarbeiter, Standorte, Kunden und worauf das Unternehmen sonst noch Wert legt, zum Beispiel Sicherheit und Umweltschutz.

Es folgen weitere Informationen:

- ✔ Wie sich das Unternehmen historisch bis heute entwickelt hat
- ✔ Welche Produkte und Serviceleistungen geboten werden
- ✔ Mit welchen Systemen gearbeitet wird

Die News

Hier stehen aktuelle Mitteilungen und oft auch Unternehmenshighlights. Stöbern Sie ruhig auch mal im Archiv und lassen sich überraschen, welche Storys Sie ausgraben!

Die Karrieremöglichkeiten

Sie bekommen Infos zu Aus- und Weiterbildungsmöglichkeiten, zu aktuellen Stellenangeboten und lernen das Bewerbungsverfahren kennen: ob Sie sich nämlich *nur* schriftlich bewerben können, eventuell auch online mit einem vorgegebenen Formular und sogar anrufen können, weil ein Gesprächspartner genannt ist, der Ihnen gerne Rede und Antwort steht.

Kontakt

Und zu guter Letzt können Sie Kontakt aufnehmen. Meist mittels eines Kontaktformulars, das Ihnen die Chance für eine persönliche Mitteilung gibt.

Sie wissen jetzt unglaublich viel über das Unternehmen, und ist es nicht ein richtig gutes Gefühl, so viel Wissensvorsprung zu haben?!

Hat das Unternehmen, bei dem Sie sich beworben haben, keine Homepage? Macht nichts, hier können zum Beispiel die Industrie- und Handelskammern weiterhelfen.

Geben Sie über eine Suchmaschine Industrie- und Handelskammer und das Bundesland ein, in dem das Unternehmen seinen Sitz hat, dann finden Sie den Link zur entsprechenden IHK. Auf deren Seite können Sie über Kontakt nun schriftlich oder telefonisch nachfragen, ob es über Ihr ausgewähltes Unternehmen Informationen gibt, die Ihnen zugeschickt werden können.

Vielleicht haben Sie auch das Glück und das Unternehmen macht gerade »Schlagzeilen«?

> ### Ein Tipp aus der Schule
> Gibt es bei so vielen Informationen auch noch Dinge, die Sie ganz persönlich interessieren? Haben Sie Fragen, die noch nicht beantwortet wurden? Ja? Sehr schön, dann notieren Sie sich diese jetzt gleich. Bevor Sie morgen in Ihr Vorstellungsgespräch gehen, nehmen Sie diesen Spickzettel und schauen noch mal nach, was Sie gleich fragen werden! Ihr Gesprächspartner wird Augen machen, was Sie bereits alles wissen und was Sie noch alles wissen wollen! Nutzen Sie Ihre Chance, hier mal so richtig Eindruck zu schinden! Es wird Ihnen Spaß machen!

Aktuelle Pressethemen

Ihr Unternehmen macht gerade positive Schlagzeilen? Vielleicht gibt es ein neues Projekt oder das Geschäftsergebnis war top? Dann hoffen Sie auf die Frage

»Was wissen Sie denn schon so alles über unser Unternehmen?«,

lehnen sich entspannt zurück und erzählen, welche tollen Artikel Sie in den letzten Tagen und Wochen in der Zeitung über das Unternehmen gelesen haben und wie beeindruckend Sie das finden.

> ### Und was, wenn die Schlagzeilen negativ sind?
>
> Am besten erst mal das Thema meiden, außer Sie werden gefragt »Was sagen Sie denn zu unserer schlechten Presse?«, dann müssen Sie Rede und Antwort stehen. Bilden Sie sich Ihre persönliche Meinung und überlegen Sie gut, wie Sie diese formulieren.
>
> Nehmen Sie einen guten Freund beiseite, erklären Sie ihm Ihre Einstellung und fragen ihn, was er davon hält. Findet er Ihre Argumentation überzeugend, dann nur Mut! Beziehen Sie auch in Ihrem Vorstellungsgespräch klar Position.

Vergessen Sie also nicht, fleißig Zeitung zu lesen, damit Sie up to date sind und völlig gelassen in Ihr Vorstellungsgespräch gehen können!

Nicht nur Kleider machen Leute 2

In diesem Kapitel
- ✔ Der erste Eindruck zählt
- ✔ Wie Du kommst gegangen, wirst Du empfangen
- ✔ Auch Reden will gelernt sein

Ein heikles Streit-Thema und vor allem Geschmacksache! Jeder hat da so seine Vorlieben. Was Sie in Ihrer Freizeit tragen, ist einzig und alleine Ihre Entscheidung. Im Berufsleben nicht, denn es kommt darauf an, wo Sie arbeiten. Damit Sie nicht gleich optisch ins Fettnäppchen tappen, informieren Sie sich, welcher Kleidungsstil Ihrem Beruf, der Branche und dem Unternehmen angemessen ist. Wichtig ist auch, dass Sie sich in Ihrem Outfit wohlfühlen, denn wenn das nicht so ist, merkt Ihnen das jeder sofort an.

It's showtime: Was ziehen Sie an?

Als Mitarbeiter in einer Videothek können Sie sicher lockerer gekleidet sein als in einer Bank, wo Ihnen beim ersten *Bauchfrei* das Aus droht.

 Gehen Sie ja nicht in Ihren verwaschensten Freizeitklamotten zu Ihrem Vorstellungsgespräch. Ein ordentliches, sauberes Outfit ist ein absolutes Muss für Ihr Vorstellungsgespräch!

Das Wichtigste überhaupt ist, dass Sie sich in Ihrer Kleidung absolut wohlfühlen! Das gibt Ihnen ein gutes Gefühl, und Sie sind nicht permanent abgelenkt, weil Sie nicht ständig an sich

»herumzupfen« und sich ununterbrochen fragen: »Sitzt noch alles? Seh ich immer noch gut aus?« Wenn Sie sich in Ihrem Outfit wohlfühlen, können Sie sich völlig entspannt auf Ihr Gespräch konzentrieren!

> ### Warum nicht mal eine Farb- und Stilberatung aufsuchen?
>
> Ein Farb- und Stilberatung ist nicht unerschwinglich teuer, und Sie bekommen Hilfestellung, wie Sie Ihre positive Ausstrahlung noch besser zur Geltung bringen:
>
> - Sie lernen, welcher Kleidungsstil zu Ihnen passt.
> - Sie werden geschult, welche Farbkombinationen Ihre persönliche Wirkung unterstreichen.
> - Sie erfahren, wie Sie mit den passenden Accessoires Ihre persönliche Note unterstreichen können.
> - Sie lernen den richtigen Umgang mit Schminke und den zu Ihnen passenden Düften.
>
> Ein Wundermittel ist das natürlich nicht, aber Sie gewinnen an Sicherheit zu entscheiden, was zu Ihnen passt und was nicht.

Das unterstreicht Ihre optische Wirkung

Kleider machen also Leute! Genau! Aber was nützt das tollste Kostüm, der eleganteste Anzug, wenn Sie mit ungewaschenen fettigen Haaren, abgekauten schmutzigen Fingernägeln, dem berühmten Drei-Tage-Bart und Schlammschuhen vor Ihrem künftigen Arbeitgeber stehen? Finden Sie sich wirklich anziehend? Ach so, Äußerlichkeiten sind Ihnen unwichtig! Innere

Werte zählen für Sie. Schön. Mit so einem abstoßenden Äußeren gibt Ihnen allerdings kaum ein Arbeitgeber die Chance, Ihre persönlichen inneren Werte zu zeigen ...

 Sie haben doch schon tolle Kleider, jetzt machen Sie sich endlich mal rundum schick! Auf geht's:

✔ Duschen, Haare waschen, ordentlich fönen oder stylen

✔ Zähne putzen – wer mag, kann zusätzlich ein Mundwässerchen nehmen

✔ Fingernägel checken: Sehen die ordentlich und nicht abgekaut aus? Prima! Sauber sind sie auch. Gut!

✔ Die Herren rasieren sich gründlich und tragen ein dezentes Aftershave auf – die Damen parfümieren sich, aber bitte mäßig und nicht so, dass sie noch zehn Meter gegen den Wind duften!

✔ Deo nicht vergessen! Übrigens riechen Sie auch mal an Ihrer Kleidung. Manche Textilien saugen den Schweiß so auf, dass sie nach einmaligem Tragen extrem danach riechen. Da nutzt dann Ihre ganze Dusch- und Deo-Aktion leider gar nichts. Ziehen Sie was anderes an! Das gilt auch für Klamotten, die nach Essen riechen. Ab in die Wäsche damit!

✔ Ihre Schuhe sind geputzt, die Absätze nicht abgelaufen?

✔ Spitze! Jetzt sind Sie fertig gestylt für Ihr Vorstellungsgespräch. Nun können Sie sich in aller Ruhe mit dem nächsten vorbereitenden Schritt befassen.

Gekonnt reden: Ihr Sprachvermögen

Gespräche, bei denen Sie Ihren Partner ständig fragen müssen »Was haben Sie gerade gesagt? Wie bitte? Entschuldigung, ich haben Sie gerade nicht verstanden?« sind doch echt ätzend! Es kann einfach kein richtiger Dialog zustande kommen, weil Sie permanent nachhaken müssen, dann erst überlegen können, was Sie antworten ... Mit anderen Worten: Sie werden ständig ausgebremst und Ihr Gesprächspartner auch! Sie träumen doch aber von einem tollen Vorstellungsgespräch! Ein Wort soll das andere ergeben, Sie wollen ein rundes Gespräch. Das kriegen Sie! Ganz einfach:

Üben Sie Reden!

Fangen Sie damit an, dass Sie sich und anderen unterschiedlich schwere Texte, zum Beispiel aus Zeitungen, Zeitschriften und Büchern, vorlesen.

Aber bitte nicht in einer monotonen, permanent gleichbleibenden Stimme! Oder wollen Sie Ihre Zuhörer einschläfern? Extrem lautes schon fast brüllendes Sprechen ist genauso furchtbar, damit vertreiben Sie die anderen.

Mit diesen drei einfachen Sprechinstrumenten wird Ihre Stimme einen sonoren Klang annehmen! Und wer lauscht nicht gerne angenehmer Musik?

Wenn Sie in Übung sind, tragen Sie Ihren Zuhörern als Nächstes Ihren Lebenslauf vor! Achten Sie auf die Reaktionen Ihrer Lauscher: Verfolgen die gespannt, was Sie alles zu erzählen haben? Klasse, Sie sind richtig gut! Weiter so!

Ein paar Tipps für gutes Vorlesen

Lernen Sie, deutlich zu lesen, und versuchen Sie, Ihre Stimme tanzen zu lassen:

✔ Betonen Sie interessante Stellen.

✔ Werden Sie leise, wenn die Geschichten geheimnisvoll oder spannend werden.

✔ Werden Sie wieder lauter, wenn Action angesagt ist.

Genauso wie die Betonung ist Ihre Sprachgeschwindigkeit und deutliches Reden wichtig!

✔ Sind Sie ein ICE, der ohne Zwischenstopp mit Tempo 500 von Berlin nach München rast? Nun, dann rasen Sie sprichwörtlich durch Ihr Vorstellungsgespräch, sind blitzartig fertig und hinterlassen einen flüchtigen und schon gar nicht nachhaltigen Eindruck. Der mögliche Job wird ebenfalls an Ihnen vorbeirauschen …

✔ Sie reden schön langsam, sehr langsam, so richtig extrem langsam? Sie wiegen also über kurz oder lang Ihren Gesprächspartner in den Schlaf. Langsame Redner erfordern vom Zuhörer teilweise sogar mehr Konzentration als zu schnelle Redner, bei denen man durchaus mal nachfragen kann, was denn gerade gesagt wurde. Und Konzentrieren ermüdet im Laufe der Zeit jeden!

Wie wäre es mit einer mittleren Sprechgeschwindigkeit ohne Brummeln, Nuscheln und Silbenverschlucken? Deutliche Aussprache heißt klare Ansprache! Perfekt! Jetzt reden Sie Klartext!

Was ist mit Dialekt?

Sie sind des Hochdeutschen nicht mächtig? Klar, seinen Dialekt kann nicht jeder verbergen, muss ja auch nicht sein. Sie sollten sich dennoch in einem guten Hochdeutsch verständigen können. Wäre doch schade, wenn Sie den Job nicht kriegen, nur weil der andere Ihre *Sproch* nicht versteht! Hat doch was, auch im Deutschen *mehrsprachig* zu sein.

Redet Ihr Gastgeber im breiten Dialekt, den Sie zufällig auch beherrschen, und Sie würden sich völlig verkrampfen, wenn Sie jetzt Hochdeutsch sprechen wollten, dann reden Sie wie Ihnen der Schnabel gewachsen ist! Ihr Gesprächspartner freut sich wahrscheinlich sogar, dass Sie auch *Muttersprachler* sind, und schon haben Sie einen Heimvorteil!

Die Sprechweise Ihres Gastgebers können Sie nicht unbedingt beeinflussen. Nur keine Hemmungen, wenn Sie den nicht verstehen! Fragen Sie freundlich nach:

- ✔ Wie bitte? Ich habe Sie gerade akustisch nicht verstanden.
- ✔ Bitte was haben Sie gerade gesagt/gefragt?
- ✔ Können Sie bitte/freundlicherweise Ihre Frage/Ihre Aussage noch mal wiederholen?
- ✔ Natürlich macht es auch keinen Spaß, wenn Sie bei nahezu jedem Satz Ihres Gesprächspartners eine dieser Rückfragen stellen müssen, aber wenn dem so ist, dann liegt es ganz sicher nicht an Ihnen, dass kein fließendes Gespräch zustande kommt – es scheint vielmehr so, dass

Ihr Gesprächspartner nicht wirklich deutlich zu reden vermag. Nehmen Sie diese Situation dann wie sie ist und machen Sie das Beste daraus – im Zweifel mit permanenten »Rückfragen«, denn das ist immer noch besser, als irgendeine fiktive Antwort in den Raum zu stellen, mit der keiner was anfangen kann.

Wenn es das Lerninstrument für Kommunikation schlechthin gibt, dann sind das Vorstellungsgespräche. Je mehr Sie führen, desto größer wird auch der Lernerfolg. Warum wohl? Nun, Ihnen sitzen immer wieder neue Gesprächspartner gegenüber, auf die Sie sich einstellen müssen.

Sie stellen sich permanent auf's Neue die Fragen »Was will der jetzt wissen? Was interessiert den Chef ganz besonders?« und Ihre Antworten sehen nahezu jedes Mal anders aus. Klar, weil Ihre Gesprächspartner unterschiedliche Erwartungen an Sie haben. Der eine will alles über Ihre Stärken wissen, der andere fragt nach all Ihren Schwächen. Im nächsten Gespräch müssen Sie Ihren Lebenslauf bis ins kleinste Detail erläutern, im darauf folgenden Dialog werden Sie nur sporadisch nach Lebenslauf-»Highlights« gefragt. Sie lernen also verbal auf die Bedürfnisse und Wünsche des anderen einzugehen.

Ihre Gespräche leben von Fragen und Antworten. Auf beiden Seiten. Sie führen Dialoge. Diese Dialoge sind kommunikativ, weil Sie beständig Informationen austauschen, sachlich wie auch gefühlsmäßig. Je häufiger Sie Vorstellungsgespräche führen, desto mehr Übung bekommen Sie.

Dabei schulen Sie nicht nur Ihre verbale Kommunikation, sondern auch Ihre non-verbale. Einmal achten Sie auf die

Verhaltensweisen Ihres Gesprächspartners und lernen immer besser, diese zu deuten und zu beurteilen. Signalisiert seine Körperhaltung, dass er Ihnen gegenüber offen ist? Oder wirkt er mehr zurückhaltend? Sogar ablehnend?

Aber Vorsicht: Das sind jetzt gerade Ihre persönlichen Empfindungen! Es muss nicht sein, dass einer, der auf Sie ablehnend wirkt, nicht ein vollkommen offenes Ohr für Sie hat.

Aha, Sie merken, was Sache ist: Sie deuten zwar die Körpersprache des anderen, aber die bringt Sie keineswegs aus Ihrem Konzept! Gut so. Viel wichtiger ist nämlich, dass Ihnen Ihre eigene Körpersprache zunehmend bewusster wird:

- ✔ Wie begrüßen Sie?
- ✔ Wie ist Ihr Händedruck?
- ✔ Wie sitzen Sie während des Gesprächs da?
- ✔ Wie und wie oft verändern Sie Ihre Körperhaltung?
- ✔ Wie verabschieden Sie sich?

Sie werden also durch die Bewerbungsgespräche daran gewöhnt zu kommunizieren. Diese Kommunikation heißt für Sie, dass Sie sich mit Ihrem Gesprächspartner verständigen und zwar verständlich, so verständlich, dass jeder versteht, wovon der andere spricht. Faszinierend! Und Spaß macht das allemal! Lesen Sie weiter und lernen Sie Ihre »Außenwirkung« kennen.

Ihre »Außenwirkung« 3

> **In diesem Kapitel**
> - ✔ Schau mir in die Augen
> - ✔ In der Ruhe liegt die Kraft
> - ✔ Nicht nur Ihr Lächeln macht Sie sympathisch

Sie kennen das: Jeden Morgen, bevor Sie das Haus verlassen, werfen Sie einen flüchtigen Blick in den Spiegel und sind mal mehr, mal weniger mit sich und Ihrem Outfit einverstanden. Für *gewöhnliche* Tage ist das völlig okay. Nicht aber an Ihrem großen Tag! Sie wollen selbstbewusst und überzeugend wirken! Dann muss einfach alles stimmen: Ihre Ausstrahlung, Ihre Kleidung und Ihr persönliches Wohlbefinden! Schließlich treten Sie als eine Einheit auf und schicken nicht bloß Ihren hübschen Kopf ins Gespräch. Das bedeutet also auch hier: vorbereiten! Aber wie? Lesen Sie einfach weiter …

Ein Blick sagt mehr als tausend Worte

Mögen Sie Menschen, die Sie nicht ansehen? Die immer nur den Kopf gesenkt halten und die Augenlider niedergeschlagen haben? Würden Sie denen Ihre intimsten Geheimnisse verraten? Nie im Leben!

 Sie wollen als vertrauenswürdiger offener Gesprächspartner angesehen werden, also blicken Sie Ihren Mitmenschen genauso offen und neugierig in die Augen!

Vergleichen Sie doch mal die Wirkung der Person in den Abbildungen 3.1 und 3.2. Welche Haltung drückt wohl eher Neugier und Offenheit aus?

Abbildung 3.1: Ein wirklich trauriger Anblick …

Abbildung 3.2: Von der ersten Sekunde an sympathisch!

✔ Halten Sie Blickkontakt, wenn Sie Ihrem Gesprächspartner die Hand reichen.

✔ Im Gespräch schauen Sie Ihrem Gastgeber nicht permanent in die Augen, das irritiert und wirkt aufdringlich.

✔ Sich drei bis sechs Sekunden lang anzuschauen ist perfekt. Lassen Sie Ihren Blick immer mal wieder schweifen: mal an die Wand – wieder Ihren Gastgeber ansehen – Blick leicht senken und auf den Tisch schauen – wieder zu Ihrem Gegenüber – mal eine Pflanze oder ein Bild bewundern (aber nur mit den Augen!) – wieder Ihren Partner ansehen.

✔ Ja nicht gelangweilt an die Decke schauen! Ihre Langeweile merkt auch Ihr Gesprächspartner.

► Üben Sie das richtige *Blicke Zuwerfen* mit Freunden. Die sagen Ihnen, ob Sie wie ein Reh auf der Flucht vor dem Jäger wirken oder aufmerksam und konzentriert rüberkommen.

Wenn Sie mehreren Gesprächspartnern gegenübersitzen, dann blicken Sie grundsätzlich erst mal den an, der mit Ihnen redet beziehungsweise Ihnen Fragen stellt. Beim Antworten beziehen Sie die anderen in Ihren Blickkontakt mit ein. So fühlen sich alle von Ihnen beachtet! Sie wirken aufmerksam und freundlich! So sammeln Sie Sympathie-Punkte!

Still gestanden! So stehen Sie richtig

Lassen Sie die Schultern hängen, machen einen Buckel, womöglich auch noch mit leicht gesenktem Kopf? Sie wirken wie *abgeknickt*. Und wer hat schon Lust, sich mit *geknickten* Persönlichkeiten abzugeben!

Bauch rein, Brust raus! Genau das ist es! Stehen Sie gerade und aufrecht. So wirken Sie auch aufrichtig! Ihr Sympathie-Konto vermehrt sich.

Was ist beim Stehen noch zu beachten?

Ebenso wichtig wie Ihre Haltung ist die Distanz zwischen Ihnen und Ihrem Gesprächspartner. Rücken Sie niemandem auf die Pelle, wirken Sie aber auch nicht distanziert!

- ✔ Kommen Sie Ihrem Gesprächspartner auf keinen Fall zu nahe!
- ✔ Halten Sie eine Distanz von 50 bis 60 Zentimetern zu dem anderen ein.

Keine Sorge, Sie wirken dann nicht distanziert! Sie zeigen Respekt und Achtung vor dem persönlichen »Intimbereich« Ihres Gesprächspartners. Das ist sehr angenehm!

Was machen Sie, wenn der andere sitzt und sogar zur Begrüßung sitzen bleibt?

- ✔ Begrüßen Sie ihn im Stehen und setzen Sie sich im Anschluss direkt hin.
- ✔ Sie können gerne fragen, ob Sie sich setzen dürfen – Sie können sich auch ohne zu Fragen hinsetzen.

Das ist immer noch höflicher als wenn Ihr Gegenüber zu Ihnen aufschauen muss! Sie würden doch auch keinen Bewerber einstellen, der bereits während des Vorstellungsgesprächs auf Sie herabblickt, oder?!

Bloß kein schlaffer Händedruck – die Begrüßung

Denken Sie auch, wenn jemand seine Hand so ganz seicht in die Ihre legt: »Was ist das denn? Kann der nicht mal richtig die Hand geben?« Ein solcher Händedruck fühlt sich gar nicht gut an! Wenn Sie so anderen die Hand geben, fühlen Sie sich nicht gut an!

Nun zerquetschen Sie aber bitte auch nicht die Hand Ihres Gesprächspartners. Klar hinterlassen Sie dann zwar einen kraftvollen Eindruck, aber auch einen schmerzhaften.

Das gesunde Mittelmaß ist angesagt: Bitten Sie Freunde, Bekannte, Ihnen die Hand zu drücken. Was fühlt sich am besten an? Ein fester, nicht zu kräftiger Händedruck? Das ist er! Der perfekte Begrüßungs-Händedruck! Fühlen Sie, wie Ihr Sympathie-Konto wächst!

Nehmen Sie doch Platz: Sitzen

Aufrecht und bequem! Das ist auch hier das Motto. Klar können Sie die Stuhllehne zum Anlehnen benutzen, dafür ist sie ja da!

Nur »versinken« Sie nicht in dem Stuhl, sonst glaubt Ihr Gesprächspartner, Sie wollen untertauchen anstatt mit ihm zu reden.

Wie, Sie haben noch gar nicht erkannt, dass der Stuhl eine Lehne hat? Oder hat er tatsächlich keine? Aber Sie brauchen doch jetzt einen Halt! Fassen Sie – mehr oder weniger im Unterbewusstsein – zum Festhalten mit beiden Händen an die Kanten des Stuhlsitzes und setzen sich auch nur so ganz leicht aufs berühmte »Schnäpperle«? Etwa so wie in Abbildung 3.3? Aha, dann sind Sie also kurz vor der Flucht! Sie sitzen nämlich so, dass Sie blitzartig aufspringen und davon rennen können. Das wollen Sie gar nicht? Dann setzen Sie sich endlich richtig auf den ganzen Stuhlsitz und nehmen Ihre Hände auf Ihren Schoß. Entspannen Sie sich!

 Aber nicht zu sehr: Ein zu lockeres *Hinfläzen* wirkt zwar auf Partys so richtig lässig, im Bewerbungsgespräch dagegen eher arrogant und herablassend (siehe Abbildung 3.4).

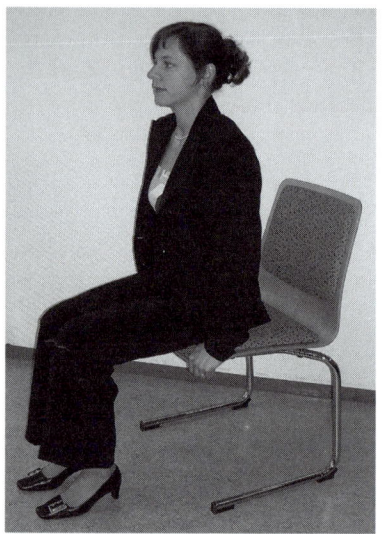

Abbildung 3.3: Nix wie weg hier!

3 ➤ Ihre »Außenwirkung« **35**

Abbildung 3.4: Ganz schön langweilig so
ein Vorstellungsgespräch …

Dann nehmen Sie lieber den halben Tisch in Beschlag und
breiten sich Ihren Oberkörper quasi auf den Tisch legend mit
gespreizten Armen aus, um so Ihre Überlegenheit zu demonstrieren? Bitte nicht! Das passt doch gar nicht zu Ihnen! Sie
wollen schließlich Eindruck machen! Setzen Sie sich entspannt
und voller Erwartung gerade auf Ihren Stuhl! Und vergessen
Sie nicht zu lächeln!

Bitte lächeln

Es ist die Zauberformel schlechthin! Und dabei so einfach! Laufen Sie doch mal zum Spaß lächelnd durch die Einkaufstraßen einer Stadt. Sie werden überrascht sein, wie viele Menschen auch Ihnen ein Lächeln schenken! Einen Tag später machen Sie ein ernstes und missmutiges Gesicht und spazieren durch die gleichen Straßen. Glauben Sie, dass Sie irgendjemand anlächelt? Nicht ein Einziger – im Gegenteil, einem lächelnden Menschen gefriert eher noch sein Lächeln ein bei der Kälte, die Sie rüberbringen!

Sie wollen sympathisch und warmherzig wirken! Ab sofort wird gelächelt!

Bye bye: Gehen

Nicht rennen! Laufen Sie nicht fluchtartig durch die Gegend!

✔ Gehen Sie in einem normalen Tempo auf Ihren Gesprächspartner zu und auch genauso wieder weg.

✔ Beim Weggehen schauen Sie sich nicht ängstlich und verlegen um.

Gehen Sie entschlossen, aufrecht und mit einem normalen Tempo! So als wollten Sie ganz entspannt früh am Tag im Supermarkt einkaufen gehen.

Jetzt wissen Sie, wie Sie sich »rundum« auf Ihr Vorstellungsgespräch vorbereiten können. Mal sehen, wie das nun ablaufen kann. Lesen Sie einfach weiter.

Teil II
Ablauf eines Vorstellungsgespräches

In diesem Teil ...

Endlich! Heute ist Ihr großer Tag: Ihr potenzieller neuer Arbeitgeber will Sie unbedingt kennenlernen! Erfahren Sie jetzt, wie ein Vorstellungsgespräch aufgebaut ist und womit Sie grundsätzlich bei jedem Vorstellungsgespräch rechnen müssen. Wie jedes Gespräch geht natürlich auch Ihr Vorstellungsgespräch nach einer gewissen Zeit zu Ende. Mal sehen, was jetzt so alles auf Sie zukommt.

Der Start: Warming-up-Phase 4

> **In diesem Kapitel**
> ✔ Warten Sie erst mal, was auf Sie zukommt
> ✔ Bei welchem Unternehmen sind Sie gelandet
> ✔ Kurze Fragen mit großer Wirkung

Sie gehört zu jedem Vorstellungsgespräch: die Anwärmphase. Keine Sorge, Ihnen wird jetzt nicht eingeheizt, ganz im Gegenteil!

✔ Sie werden freundlich in Empfang genommen, in ein Besprechungszimmer begleitet und begrüßen perfekt freundlich und lächelnd Ihren Gesprächspartner.

✔ Sie werden gebeten, Platz zu nehmen, und bekommen vielleicht sogar ein Getränk angeboten.

Ist doch richtig gemütlich! Sie verlieren immer mehr Ihre Aufregung und beginnen langsam, sich zu entspannen! So soll's sein.

 Bevor es ans Eingemachte geht, kommt erst mal der übliche Small Talk.

Sie werden gefragt, wie es Ihnen geht, ob Sie eine gute Anreise hatten, ganz belanglos kommt das gute schlechte Wetter zur Sprache und schließlich die galante Überleitung mit der Frage: »Darf ich Ihnen kurz unser Unternehmen vorstellen?«

Es kann schon mal vorkommen, dass diese nette *Anwärmphase* stark verkürzt wird, weil Ihr Gesprächspartner unter Zeitdruck ist. Eine Begrüßung mit den Worten »Guten Tag. Für das allgemeine Geplänkel hab ich keine Zeit. Lassen Sie uns gleich zur Sache kommen!« wird Sie aber nicht aus der Fassung bringen. Sie sind wirklich perfekt vorbereitet und können deshalb genauso ohne *Geplänkel* ins Gespräch einsteigen wie Ihr Gegenüber! Nur keine Hemmungen!

Der andere ist unter Zeitdruck, nicht Sie! Sie haben alle Zeit der Welt, also lassen Sie sich auf keinen Fall von dieser Hektik anstecken.

Möglicherweise testet Ihr Gesprächspartner so Ihre Stressresistenz. Jetzt können Sie gleich mal beweisen, dass Sie unter Zeitdruck ruhig bleiben, den Überblick behalten und keinesfalls den roten Faden verlieren! Sie schinden mächtig Eindruck! Weiter so!

Schenken Sie jedem ein Stück Aufmerksamkeit
Und nicht vergessen: bei mehreren Gesprächspartnern immer hübsch von einem zum andern schauen!

Der Gastgeber hat den Vortritt: Unternehmensvorstellung

»Wir sind die Größten und die Besten!« Das wissen Sie ja aber schon! Ihr Gesprächspartner wird Ihnen Folgendes schildern, mal mehr, mal weniger ausführlich:

✔ Die Historie des Unternehmens selbst

✔ Den hierarchischen Aufbau mit den einzelnen Unternehmenseinheiten und den wichtigsten Personen wie zum

Beispiel Vorstände und/oder Gesellschafter beziehungsweise Geschäftsführer – das Ganze nennt sich auch *Aufbau- und Ablauforganisation*

✔ Die Abteilung, für die Sie sich beworben haben: was dort gemacht wird und wer die handelnden Personen sind

> ### Infos, die für Sie wirklich zählen
>
> Das sind eine Menge Informationen, die da am Anfang auf Sie einprasseln. Erzählt Ihnen Ihr Gesprächspartner, was Sie in Ihrem neuen Job so alles erwartet, machen Sie Augen und Ohren auf! Das sind die Informationen, die Sie haben wollen:
>
> ✔ Was sollen Sie alles tun?
>
> ✔ Was sind Ihre Hauptaufgaben, was wird zusätzlich von Ihnen erwartet?
>
> ✔ Gibt's besondere Herausforderungen zu bewältigen?
>
> ✔ Für wen arbeiten Sie genau, wer ist Ihr Chef?
>
> ✔ Wer sind Ihre Ansprechpartner?
>
> ✔ Wo sollen Sie arbeiten? Haben Sie einen festen Arbeitsplatz oder sind Sie permanent unterwegs? Oder ein Springer – also auf Abruf woanders einzusetzen?

Je mehr Infos Sie kriegen, desto besser können Sie sich vorstellen, was Sie in Ihrem neuen Job erwartet. Redet Ihr Gesprächspartner ohne Punkt und Komma, fragen Sie zwischendurch ruhig mal nach, ob Sie seine Aussagen richtig verstanden haben. Aber bitte geschickt:

»Habe ich Sie gerade richtig verstanden, dass Sie von mir erwarten ...«

oder

»Wenn ich Sie richtig verstanden habe, soll ich/erwarten Sie von mir, dass ...«

So gehen Sie sicher, dass Sie beide wissen, wovon gerade gesprochen wird. Gefällt Ihnen, was Sie hören? Ja - Sie sind schon richtig heiß auf den Job! Na prima! Dann machen Sie jetzt mal Ihren Gesprächspartner richtig heiß auf Sie!

Jetzt wird's spannend: Fragen zu Ihren Unterlagen

Wie haben Sie sich vorbereitet? Haben Sie wieder alles vergessen? Das kann gar nicht sein! Sie wissen doch schon, wonach gefragt wird:

Lebenslauf, Anschreiben, die Firma

Mehr ist es nicht. Also wieso schieben Sie plötzlich Panik? Sie sind perfekt vorbereitet. Das Wichtigste ist Ihr Lebenslauf und den haben Sie von A bis Z im Kopf. Aber bitte den *richtigen*!

Sie erinnern sich: Sie haben doch die Stellenanzeige ganz, ganz genau studiert und beim Schreiben Ihres Lebenslaufes peinlich genau darauf geachtet, dass er rundum zum Stellenprofil passt. Also haben Sie womöglich auch mal einen Ihrer Jobs weggelassen oder nicht alle Hobbys angegeben.

Ah, jetzt fällt es Ihnen wieder ein:

- ✔ Wer sich für Sie interessiert, muss ganz schnell erkennen können, dass Ihre berufliche Entwicklung prima auf die angebotene Stelle passt.
- ✔ Sie achten darauf, dass es in Ihrem Lebenslauf keine zeitlichen Lücken gibt.
- ✔ Sie schildern Ihren Lebenslauf ohne ins Stocken zu geraten, das bedeutet, dass Sie auf keinen Fall den berühmten roten Faden verlieren. Ganz im Gegenteil: Machen Sie Ihren Werdegang ruhig ein bisschen spannend! Wie das geht? Ganz einfach: Formulieren Sie entsprechend und binden Sie Ihre Gesprächspartner mit ein. Das kann zum Beispiel so aussehen:

»Nach der Ausbildung habe ich als xy in der Firma z gearbeitet. Ein echt spannender Job! Ich musste… / Meine Aufgabe war …«

»… Wie Sie sich sicher vorstellen können, ist das ein aufregendes Hobby …«

»Sie können mir glauben, als xy zu arbeiten, ist eine echte Herausforderung …«

Jetzt haben Sie es verstanden! Sie dürfen sozusagen ein wenig *gefühlsbetont* erzählen: … spannender Job … aufregend … echte Herausforderung und und und.

Warten Sie geduldig auf alle anderen Fragen. Welche genau kommen, hängt von Ihrem Gesprächspartner ab. Es gibt allerdings Fragen, die werden in nahezu jedem Vorstellungsgespräch abgeklärt. Das sind die Fragen, die ich Ihnen im Top-

Ten-Teil ausführlich erläutere. Wenn Sie wollen, können Sie gleich mal nachsehen, Sie können aber auch erst in alle Ruhe dieses Kapitel zu Ende lesen.

> ### Hämmern Sie sich Ihren Lebenslauf ins Gedächtnis
>
> Also noch einmal: Schauen Sie sich den Lebenslauf, den Sie diesem Unternehmen geschickt haben, auf jeden Fall nochmals Wort für Wort vor Ihrem Vorstellungsgespräch an! Sie müssen ihn beherrschen! Dann wird Ihr Gesprächspartner mehr als beeindruckt von Ihnen sein.

Wenn Sie nun plötzlich darauf angesprochen werden, dass irgendein Nachweis, zum Beispiel ein Zeugnis, in Ihren Unterlagen fehlt, ist Ihnen das sicher ganz schön peinlich, nicht? Das zeigt doch, dass Sie völlig unkonzentriert Ihre Unterlagen zusammengestellt und nicht mehr final gecheckt haben, oder? Wie erklären Sie das jetzt?

✔ Wie wäre es, wenn Sie einfach zugeben, dass Sie völlig sicher waren, alles beigefügt zu haben – Sie haben Ihre Bewerbungsmappe mehrmals auf Vollständigkeit geprüft und dabei ging es Ihnen offensichtlich so wie vielen Textschreibern: Sie wollten das gesehen haben, was Sie gerade im Kopf hatten, und dabei haben Sie übersehen, dass es nicht dabei war! Zu kompliziert ausgedrückt? Okay, nehmen Sie einen Autor: Der sieht seine eigenen Schreibfehler nicht mehr, weil er genau weiß, was er schreiben wollte. Bitten Sie freundlich um die Möglichkeit, die fehlende Unterlage nachreichen zu dürfen. Das geht absolut in Ordnung.

- ✔ Oder haben Sie etwa ein Zeugnis ganz bewusst weggelassen, weil Sie schlechte Noten hatten? Sie glauben doch nicht im Ernst, dass Sie drumherum kommen, dieses Zeugnis vorzulegen? Spätestens im Vorstellungsgespräch müssen Sie Rede und Antwort stehen.

- ✔ Sagen Sie ohne Umschweife, wie schlecht das Zeugnis ist. Hatten Sie Angst, dass Sie nur wegen dieses miserablen Zeugnisses vielleicht nicht zum Vorstellungsgespräch eingeladen werden? Dann geben Sie das auch zu! Gestehen Sie lieber, dass Sie vielleicht mal ein richtig fauler Hund waren, aber keineswegs mehr sind! Und daher nicht möchten, dass Sie an Ihrer Vergangenheit festgenagelt werden. Sie haben sich entwickelt und zwar prächtig: Sie sind ein fleißiger, arbeitsamer Zeitgenosse, der seine Chance bekommen soll!

 Sie merken, wenn Sie solche Taktiken an den Tag legen und erst mal Dinge verschweigen, die doch zur Sprache kommen müssen, brauchen Sie taktisch kluge Antworten. Also überlegen Sie im Vorfeld, wie Sie vorgehen wollen – es ist Ihre Entscheidung.

Es gibt auch Gesprächspartner, die Ihnen während der Aufwärmphase ganz geschickt auf den Zahn fühlen. Ohne dass Sie es sofort merken. Da sagt einer: »Ihr Lebenslauf zeigt deutlich, dass Sie ein zielstrebiger Mensch sind. Sie wollen doch sicher Karriere machen?« Eine eindeutige Frage, nicht wahr? Und so was von logisch: Sie haben eine tolle Ausbildung gemacht, tun alles, um diesen Job zu kriegen, haben sich extra bei diesem Unternehmen beworben, weil Sie der beste Kandidat für diesen Job sind – da stellt sich die Frage doch im Grunde gar nicht, oder?

Natürlich wollen Sie nicht innerhalb von Monaten die Karriereleiter erklimmen. Sie möchten erst mal diesen Job, für den Sie sich gerade vorstellen, optimal beherrschen. Wenn das der Fall ist, wird man sehen, wie Sie sich weiterentwickeln können, ob sich Fähigkeiten und Neigungen zeigen, von denen Sie heute noch gar nichts wissen können, weil Sie erst noch im neuen Job herausgefordert werden müssen. Karriere ja, aber nicht Knall auf Fall.

Machen Sie auf keinen Fall den Fehler und erzählen Sie Ihrem Gesprächspartner, wie gut Sie seinen Job machen können! Er wird sich lächelnd in seinem Stuhl zurücklegen, Sie reden und reden lassen und dann auf Nimmerwiedersehen nach Hause schicken. Wer gibt schon einem anderen einen Job, wenn er weiß, dass dieser gleich an seinem Stuhlbein sägt! No chance.

Neben diesen »Aufwärmfragen« erwartet Sie aber noch eine ganze Menge mehr in Ihrem Vorstellungsgespräch. Lesen Sie weiter.

Jetzt geht's ans Eingemachte 5

> *In diesem Kapitel*
> ✔ Was Sie so alles können müssen
> ✔ Geld regiert die Arbeitswelt
> ✔ Wie schnell sind Sie einsetzbar?

Ihr potenzieller Arbeitgeber will schon genau wissen, wen er sich da womöglich »einkauft« und wird Ihr Können erst mal testen. So erfährt er auch ganz einfach, ob Sie Ihr Geld wert sind. Je positiver der Eindruck ist, den Sie machen, desto mehr ist Ihr möglicher neuer Arbeitgeber daran interessiert, Sie ganz schnell einzustellen. Aber gut Ding will manchmal ganz schön Weile haben …

Zeigen Sie, was Sie können: die Arbeitsaufgabe

Ist doch logisch, dass Ihr potenzieller neuer Arbeitgeber auch gerne wissen möchte, ob Sie Ihr theoretisches Wissen in der Praxis anwenden können. Das kann er zum Beispiel herausfinden, indem er Ihnen eine Arbeitsaufgabe stellt. Wie könnte die aussehen?

✔ Mal angenommen, Sie haben sich auf einen Bürojob beworben, in dem sehr gute Kenntnisse in Power Point verlangt werden. Jetzt sollen Sie innerhalb von zwanzig Minuten eine mehrseitige Präsentation über eine bevorstehende – natürlich fiktive – Sitzung erarbeiten mit allem Drum und Dran. Machen Sie doch mit links, schließlich haben Sie sich für den Job beworben, gerade weil Sie super in Power Point sind!

✔ Oder haben Sie sich als Kreditsachbearbeiter beworben? Dann können Sie einen oder auch zwei, drei schöne Kredit-Fälle auf Ihren Tisch gelegt bekommen und müssen kurzfristig entscheiden und erläutern, wie Sie diese *Probleme* lösen. No problem! Sie sind schließlich Spezialist!

Und wieder: vorbereiten, vorbereiten

Sie merken: Sie können sich auch auf solche Arbeitsaufgaben vorbereiten! Falsch! Sie sind ja schon längst vorbereitet, Sie haben doch schon alles, was Sie brauchen: die Stellenanzeige oder Stellenbeschreibung.

✔ Nehmen Sie sich Zeit und checken Sie noch einmal, was alles von Ihnen verlangt wird.

✔ Lassen Sie Ihrer Fantasie freien Lauf! Überlegen Sie, welche Aufgaben Sie einem Bewerber stellen würden.

✔ Mit welchen Problemen würden Sie denn jemandem auf den Zahn fühlen? Formulieren Sie Ihre Fragen im Kopf und dann legen Sie los: Beantworten Sie Ihre eigenen Fragen!

Mal ehrlich, Ihre Fachkenntnisse beherrschen Sie doch, da macht Ihnen keiner was vor! Und das gerade gezeigte bisschen Üben nimmt Ihnen auch noch Ihre letzten Hemmungen.

Wie schaut's denn aus, wenn es um situative Aufgaben geht? Die Stellenanzeige sagt, Sie müssen konfliktfähig und teamfähig sein. Gut. Sie sind mitten in Ihrem Vorstellungsgespräch, und Ihr Gesprächspartner fragt Sie plötzlich ohne Vorwarnung:

»Sagen Sie mal, seit Tagen grüßen Sie Herrn Mayer nicht mehr? Was hat er Ihnen denn getan?«

Was soll das denn jetzt? Fragen Sie sich gerade, was hier passiert? Nun ganz einfach:

Ihr Gesprächspartner startet ein Rollenspiel mit Ihnen!

Einfach so, ohne Vorwarnung. Er will wissen, wie Sie spontan mit einer solchen Situation umgehen.

 Fragen Sie Ihren Gesprächspartner auf gar keinen Fall, was das jetzt soll! Lassen Sie sich auf das Spiel ein!

Überlegen Sie, wie Sie reagieren würden, wenn es einen Herrn Mayer gäbe, der Ihnen unterstellt, dass Sie ihn seit Tagen nicht mehr grüßen. Wenn Sie einen Moment zum Überlegen brauchen, dann sagen Sie erst mal: »Eine schwierige Situation. Ich halte das für ein sensibles Thema.« Dann können Sie ausführen, dass diese Unterstellung nicht wahr ist, Sie grüßen Herrn Mayer immer, wenn Sie sich begegnen.

Wenn Ihr Gesprächspartner nicht lockerlässt und behauptet, dass Herr Mayer das völlig anders sieht und außerdem das Gefühl hat, Sie würden ihn bewusst ignorieren, was machen Sie dann? Ihre Team- und Konfliktfähigkeit unter Beweis stellen! Sagen Sie, dass Sie nun völlig irritiert sind,

✔ denn zum einen würden Sie sich eine direkte Ansprache von Herrn Mayer wünschen, um das für Sie nicht vorhandene Problem unter vier Augen und unter Kollegen zu beseitigen,

- ✔ zum anderen bieten Sie an, jetzt direkt nach Ihrem Gespräch auf Herrn Mayer zuzugehen, um das Problem aus der Welt zu schaffen oder

- ✔ Sie bieten ein Dreier-Gespräch mit Herrn Mayer an, um das vermeintliche Problem zu beseitigen.

Mehr Lösungsvorschläge kann sich Ihr Gesprächspartner nicht wünschen! Sie glauben, so was könne im Vorstellungsgespräch nicht passieren? In welcher Zeit leben Sie denn?

Vorstellungsgespräche laufen schon lange nicht mehr nach Schema F ab, und wenn Sie einen gewieften Gesprächspartner haben, der ein abwechslungsreiches und spannungsgeladenes Gespräch sucht, um Ihnen auf den Zahn zu fühlen, dann wird der richtig kreativ sein. Mal ganz ehrlich: Solche Gespräche machen doch viel mehr Spaß als diese klischeehafte Abfrage nach dem Motto »was kannst Du denn, lieber Bewerber, was hast Du zu bieten«.

Was kann's noch so alles geben? Welche Schlüsselqualifikationen sind denn noch von Ihnen gefordert? Die Stellenanzeige verrät Sie Ihnen.

 Lassen Sie auch hier Ihrer Fantasie freien Lauf und überlegen Sie, mit welchen Fragen oder Problemstellungen Sie bei anderen diese Eigenschaften *überprüfen* würden.

Warum nehmen Sie nicht einen guten Freund und spielen Ihre Ideen einmal durch? Einfacher und entspannter können Sie nicht üben.

Jetzt wissen Sie, wie Sie sich auf Arbeitsaufgaben optimal vorbereiten! Im gewerblich-technischen Bereich kann diese Arbeitsaufgabe auch anders aussehen.

Geschicklichkeit ist gefragt: Fordern einer Arbeitsprobe

Sie haben einen praktischen Beruf und fertigen jeden Tag Werkstücke an? Sie sind zum Beispiel Schreiner, Elektriker, Maschinenbauer und und und. Ist doch verständlich, wenn Ihr potenzieller neuer Arbeitgeber während des Vorstellungsgespräches sagt:

> »So, jetzt möchte ich doch auch wissen, wie geschickt Sie sind! Machen Sie mal!«

Schließlich will er wissen, ob er einen Mitarbeiter bekommt, der sorgfältig arbeitet und auf potenzielle Gefahren achtet! Den Test haben Sie hundertprozentig bestanden.

Logisch, dass Sie sich auch hier optimal vorbereiten können. Was Sie Tag für Tag in der Praxis machen, das können Sie sowieso. Und was Ihr Bewerbungsgespräch angeht, werfen Sie wieder einen Blick auf die Stellenanzeige:

- ✔ Welche praktischen Kenntnisse werden verlangt?
- ✔ Gibt es darüber hinaus spezielle Anforderungen? Wie sehen die aus?
- ✔ Haben Sie konkrete Infos, mit welchen Techniken/Maschinen Sie arbeiten werden? Kennen Sie die schon oder müssen Sie sich noch schlaumachen, was wie warum funktioniert?

- ✔ Gibt es Unfallverhütungsvorschriften, die Sie beachten müssen? Und sogar Maßnahmen zur Unfallverhütung, die Sie ergreifen müssen?

 Denken Sie daran: Sicherheit kommt vor allem anderen!

Arbeitsprobe – Sie können das!

Wenn Sie eine Arbeitsprobe anfertigen sollen, bekommen Sie eine Vorlage mit Angaben, nach der Sie Ihr Probestück anfertigen müssen. Legen Sie los!

- ✔ Holen Sie tief Luft, schauen Sie sich genau an, was von Ihnen verlangt wird, und fangen Sie in aller Ruhe mit der Arbeit an.
- ✔ Konzentrieren Sie sich und lassen Sie sich nach Möglichkeit nicht ablenken.
- ✔ Wenn Sie Maschinen zum Anfertigen Ihrer Arbeitsprobe benötigen und permanent Fragen gestellt bekommen, während Sie eigentlich konzentriert mit den Maschinen hantieren müssen, unterbrechen Sie lieber diese Arbeiten und weisen Ihren Gesprächspartner in ruhigem Ton darauf hin, wie gefährlich der Umgang mit den Maschinen ist und dass Sie lieber erst die Arbeit fertig machen möchten und ihm im Anschluss gerne Rede und Antwort stehen werden.

Alles klar? Jetzt sind Sie auch für die Praxis top vorbereitet. Was will Ihr Gesprächspartner wohl noch so alles von Ihnen wissen?

Money, money, money: Fragen nach Gehaltsvorstellung und Eintrittstermin

Sie sind arbeitslos? Klasse, dann können Sie sofort bei Ihrem neuen Arbeitgeber anfangen!

Sie sind nicht arbeitslos, sondern in einem festen Arbeitsverhältnis? Dann gibt's ein bisschen was zu beachten:

✔ Sind Sie gerade in der Probezeit?

Gut, dann können Sie jederzeit ohne Angabe von Gründen Ihr Arbeitsverhältnis fristlos kündigen. Sie müssen also Ihrem Chef nicht sagen, dass Sie einen besseren Job gefunden haben!

Was die Probezeit angeht, so kann Ihnen hier auch leider Ihr Arbeitgeber jederzeit fristlos kündigen und muss Ihnen nicht mal sagen, warum – außer die Firma hat einen Betriebsrat. Wenn ein Betriebsrat vorhanden ist, muss dieser vor jeder Kündigung durch den Arbeitgeber angehört werden und ihm muss auch der Grund der Kündigung mitgeteilt werden. Eine Kündigung ohne dass der Betriebsrat informiert wird, ist in jedem Falle wirkungslos und muss von Ihnen nicht beachtet werden.

Übrigens gelten für die Probezeit noch weitere gesetzliche Bestimmungen:

✔ Sie muss mindestens einen Monat und darf maximal sechs Monate dauern.

✔ Wenn Ihr Arbeitgeber an einen Tarifvertrag gebunden ist, wie zum Beispiel in der Banken-, Metall- und Chemiebranche, gibt es einen entsprechenden Tarifvertrag, den

Sie mit Ihren Einstellungsunterlagen erhalten. Hier sind die allgemein gültigen Probezeit- und auch Kündigungsregelungen festgehalten.

✔ Die allgemeine gesetzlich gültige Kündigungsfrist sagt, dass Sie sechs Wochen vor Schluss eines Kalendervierteljahres kündigen müssen. Wollen Sie zum 30. September kündigen? Dann müssen Sie das allerspätestens am 15. August tun!

> ### Der Auflösungsvertrag
> Es gibt noch eine weitere Möglichkeit, aus einem bestehenden Vertragsverhältnis herauszukommen, nämlich mit einem »Auflösungsvertrag«. Das geht aber nur, wenn Ihr Chef einverstanden ist, dass Sie aus seinem Betrieb ausscheiden. Fragen Sie ihn, ob er einen Auflösungsvertrag mit Ihnen schließt, damit Sie nicht die lange Kündigungszeit einhalten müssen. Der Auflösungsvertrag wird dann in beiderseitigem Einvernehmen geschlossen, weil Ihr Chef und Sie ja gemeinsam diesen Vertrag wollen. Achten Sie darauf, dass in Ihrem Auflösungsvertrag steht, dass mit diesem sämtliche bestehende und zukünftige Ansprüche aus Ihrem Arbeitsverhältnis abgegolten sind. Nicht, dass Ihr Arbeitgeber in einem halben Jahr kommt und noch irgendwelche Arbeitsleistungen von Ihnen verlangt!

Gehaltsangaben sind eine heiße Kiste! Sie kennen das Sprichwort »Bei Geld hört die Freundschaft auf« – keine Sorge: Ihre berufliche Freundschaft beginnt mit Geld!

Machen Sie keine »Bauchangaben« und nennen Sie auch keine willenlos überzogenen Vorstellungen. Informieren Sie sich erst einmal über die üblichen Jahresgehälter, die in Ihrem Wunschberuf gezahlt werden. Wie? Ganz einfach: im Internet!

✔ Ausführliche Angaben bietet www.sueddeutsche.de – hier sind besonders die Angaben unter »Gehälter nach Branchen« sehr hilfreich.

✔ Berufseinsteiger und Studenten finden gute Tipps unter www.staufenbiel.de.

✔ Eine Orientierung für Tarifgehälter gibt's unter www.lohnspiegel.de.

Jetzt wissen Sie Bescheid, was Sie verdienen können. Das sind doch schon mal gute Aussichten! Noch besser werden Ihre Aussichten, wenn Sie daran denken, dass

✔ Sie bei Ihren Angaben generell vom Brutto-Jahreseinkommen sprechen,

✔ Sie sich einen Puffer verschaffen! Wie? Überlegen Sie, um wie viel Prozent Sie bereit sind, Ihre Gehaltsforderung nach unten zu korrigieren? Vielleicht zehn Prozent? Okay, dann schlagen Sie diese zehn Prozent erst mal auf Ihre Gehaltsvorstellung auf – dann tut Ihnen der finanzielle Verlust hier nicht ganz so weh.

Aber aufgepasst: Das Ganze passt natürlich nur, wenn Sie nicht schon die oberste Gehaltsgrenze vorschlagen. Sonst wirkt Ihre Forderung wirklich maßlos überzogen, und das wollen Sie ja schließlich nicht.

Achtung: Wagen Sie es ja nicht, nach zwei Sätzen gleich zu Beginn Ihres Vorstellungsgespräches nach dem Gehalt und/oder den Arbeitszeiten zu fragen!

Sie wollen sich ja schließlich nicht gleich eigenhändig aus dem Bewerberrennen katapultieren, oder? Diese beiden Fragen sind derart sensibel, dass sie grundsätzlich erst im fortgeschrittenen Stadium des Gesprächs zur Sprache kommen. Dann wirkt das auch nicht, als ob Sie mit der Tür ins Haus fallen, nach dem Motto »Erst will ich wissen, was ich kriege, dann sage ich Euch, was ich Euch gebe«. Nicht was Sie wollen, ist für das Unternehmen wichtig, sondern was Sie ihm bringen! Also bleiben Sie diplomatisch und warten Sie erst mal ab. Kommen die Fragen nach Gehalt und Arbeitszeit wirklich nicht, können Sie diese immer noch am Ende des Vorstellungsgespräches stellen. Da passen sie auf alle Fälle hin!

Wenn das Gesprächsende naht 6

In diesem Kapitel
- ✔ Jetzt wissen Sie, was Sie im neuen Job erwartet
- ✔ Womöglich müssen Sie Besonderheiten beachten
- ✔ Sie dürfen sich entspannt zurücklehnen

Ganz schön anstrengend, Ihr Vorstellungsgespräch! Ihr potenzieller neuer Arbeitgeber redet und redet und fragt und fragt noch mal, und Sie hören zu, lächeln, sind charmant, stehen selbst Rede und Antwort ... Sie müssen unglaublich konzentriert sein, damit Ihnen keine wichtige Information entgeht. Bevor Ihr Vorstellungsgespräch definitiv zu Ende ist, überlegen Sie noch mal kurz im Stillen, ob wirklich alle Ihre Fragen geklärt sind.

Alles klar? Was ist Ihr künftiger Job?

Haben Sie alles verstanden, was Ihnen Ihr neuer Chef über Ihren zukünftigen Job erzählt hat? Hat er überhaupt was erzählt oder gab's nur eine Floskel wie

> »Sie haben schon in der Stellenanzeige gelesen, was Sie alles tun dürfen. Sie machen das doch für mich! Ich mag Sie, alles andere wird sich schon finden! Ich bin echt happy, jemanden wie Sie gefunden zu haben!«

Ach, tut das Ihrem Ego gut! Sie haben nur leider überhaupt keine Ahnung, worauf Sie sich einlassen.

Egal wie viel Honig Ihnen ums Maul geschmiert wird, fragen Sie, was konkret Ihr Job sein wird! Sie müssen bereits während Ihres Vorstellungsgesprächs erfahren und spätestens danach wissen:

✔ Welche Funktion Sie haben

✔ Was Ihre Hauptaufgaben sind und was darüber hinaus zusätzlich von Ihnen erwartet wird

✔ Wo Sie arbeiten

✔ Wie Ihre täglichen/wöchentlichen Arbeitszeiten sind

✔ Wer Ihr direkter Vorgesetzter ist

✔ Wer der oberste Boss ist

✔ Wer Ihre Kollegen sind und ob einer von denen Ihnen auch etwas zu sagen hat

✔ Wer Sie einarbeitet

✔ Wie lange Ihre Einarbeitungszeit dauert

✔ Ob Sie eine Probezeit haben und wie lange diese ist

✔ Was Sie verdienen

✔ Ob es Weiterentwicklungsmöglichkeiten beruflich wie gehaltlich gibt

✔ Wann Sie vom Unternehmen erfahren, für welchen Kandidaten man sich entschieden hat

Diese Fragen sollten auf alle Fälle beantwortet sein. Jetzt wissen Sie, was Sie erwartet! Sie können sich ein klares Bild von

Ihrem neuen Job machen und sich bereits innerlich so richtig darauf freuen!

Müssen Sie besondere Anforderungen erfüllen?

Sie kriegen keinen gewöhnlichen Nine-to-five-Bürojob, sondern einen knochenharten Job, in dem Sie Tag für Tag an Ihre körperlichen Grenzen gehen müssen? Das ist aber gar nicht gut! Ihre Gesundheit ist das Wichtigste, die ersetzt Ihnen keiner, auch nicht mit Geld! Die Zeiten der Sklaven und Leibeigenen sind glücklicherweise vorbei.

 Das steht sogar sinngemäß im Arbeitsschutzgesetz, kurz ArbschG genannt. Hier steht, dass Ihr Arbeitgeber auf Sie aufzupassen hat und alle Maßnahmen treffen muss, damit Ihnen während Ihrer Arbeit nichts passiert.

Es müssen ganz *konkrete Unfallverhütungsvorschriften* beachtet werden. Ihr Chef muss Sie zu Beginn Ihres Jobs in die *gefährlichen Arbeiten* einweisen, Ihnen also genauestens erklären, was Sie alles nicht tun dürfen und vor allem, was Sie tun müssen, damit Sie keinen Unfall bauen. Dass er Sie gut geschult hat, lässt sich Ihr Chef von Ihnen sogar unterschreiben, weil er gesetzlich verpflichtet ist, nachzuweisen, dass er Sie hinsichtlich aller möglichen Gefahren an Ihrem Arbeitsplatz richtig aufgeklärt hat, damit Sie ja keine Dummheiten machen.

 Ihnen die einzelnen Gesetze in diesem Buch zu erklären, würde den Rahmen sprengen – werfen Sie lieber einen Blick auf die Webseite des Bundesministeriums der Justiz unter www.bundesrecht.juris.de: Hier finden Sie alle Regelungen ausführlich und sogar verständlich erklärt!

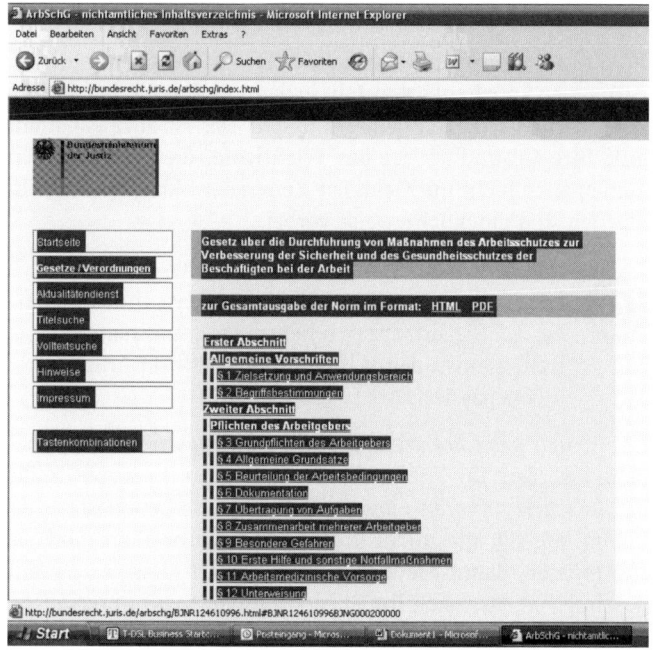

Abbildung 6.1: Hier finden Sie Informationen zum Arbeitsschutz.

Lassen Sie sich überraschen, wie ausführlich Ihr neuer Chef Ihnen Ihren *Knochenjob* versüßen will. Ist er ehrlich, beschreibt Ihnen, welche harten Arbeiten auf Sie zukommen, und erklärt Ihnen schon während des Gesprächs, was getan wird und von Ihnen getan werden muss, damit Ihnen nichts passiert? Klasse!

Das ist ein Arbeitgeber, der sich für seine Mitarbeiter interessiert und sich kümmert.

Will Ihr potenzieller Arbeitgeber nicht so richtig damit rausrücken, was Sie alles machen müssen, dann fragen Sie ihn und zwar so lange und so gründlich, bis Sie genau wissen, woran Sie sind! Ob Ihr Gesprächspartner von Ihren vielen Fragen am Ende ein fußballgroßes Loch im Bauch hat, ist völlig egal! Wichtig ist, dass Sie eine genaue Vorstellung von Ihrem neuen Job haben!

Bestehen Sie auf Ihrer eigenen Sicherheit!
Ihr Arbeitgeber muss Sie auch mit der entsprechenden Schutzkleidung ausrüsten und zwar für Sie kostenlos!
Also Schutzbrillen, Schutzhelme, Kittel, Sicherheitsschuhe kriegen Sie von Ihrem Chef – und wenn was kaputtgeht, muss es Ihnen ersetzt werden. Ihre Sicherheit geht vor!

Sie arbeiten in Schichten? Sonn-und Feiertagsarbeit gehören ebenso zu Ihrem Job wie Nachtarbeit? Okay, dann nutzen Sie vor Ihrem Vorstellungsgespräch doch wieder mal das Internet und machen Sie sich schlau über die aktuell gültigen Zuschläge, die Sie für Ihren Job kriegen.

Die Zuschläge gibt's nämlich zusätzlich zu Ihrem Gehalt und müssen so auch separat später in Ihrem Arbeitsvertrag stehen.

Der Deutsche Familienverband informiert gut unter `www.familienratgeber.dfv-nrw.de` und ist auch permanent auf dem neuesten Stand.

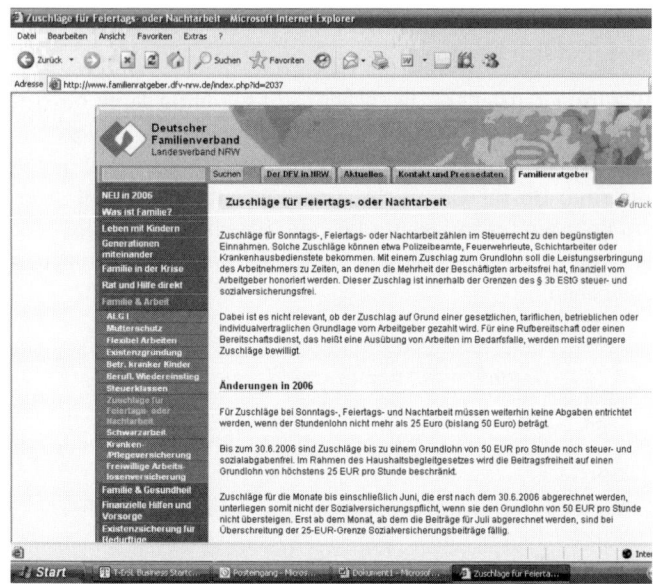

Abbildung 6.2: Alles über Feiertags- und Nachtzuschläge

Je besser Sie wissen, was Sie für Ihre besonderen Leistungen zu erwarten haben, desto gelassener können Sie in Ihr Gespräch gehen. Sie werden sich nicht wie viele andere die Frage stellen: »Hm, ist das auch genug, was der mir für meine Arbeit zahlt oder zieht er mich am Ende doch über den Tisch?« Sie wissen, was Ihre Arbeit wert ist!

Was für Ihren Körper gilt, gilt auch für Ihren Geist! Lange Konzentration erfordert Ausdauer. Also trainieren Sie sie!

Machen Sie entsprechende Übungen, lösen Sie Rätsel, Rechenaufgaben, lernen Sie Texte auswendig – was immer Ihnen Spaß macht.

> ### Machen Sie den Körpercheck
> Wollen Sie einen Job, in dem körperliche Fitness ein absolutes Muss ist? Dann sind Sie doch sicherlich ein Sportfreak und können sowieso nicht ohne *körperlichen Stress* leben! Lassen Sie sich trotzdem vor Ihrem Vorstellungsgespräch von Ihrem Arzt durchchecken und verlangen Sie, dass er Ihnen offen und ehrlich sagt, ob Sie den Herausforderungen gesundheitlich gewachsen sind. Sich hier etwas vormachen zu wollen, endet mit einem Eigentor! Spätestens wenn Sie den Job bekommen, wird Ihr neuer Arbeitgeber einen entsprechenden Gesundheitscheck von Ihnen verlangen und da müssen Sie Farbe bekennen. Wiederholen Sie den Check zu Ihrer eigenen Sicherheit mindestens regelmäßig, dann werden Sie dauerhaft Spaß an Ihrem Job haben.

So können Sie völlig beruhigt in Ihrem Vorstellungsgespräch auf spannende Aufgaben warten! Dass Sie als Pilot völlig andere physische und psychische Voraussetzungen mitbringen müssen als ein IT-Spezialist, ist Ihnen ja sowieso klar.

Was bekommen Sie dafür?

Geld! Was denn sonst? Sie arbeiten schließlich, um Geld zu verdienen, wovon sollten Sie sonst leben. Was wird Ihnen denn nun konkret von Ihrem Arbeitgeber angeboten?

Sagt er Ihnen klipp und klar:

- ✔ Was Ihr Bruttomonatsgehalt ist?
- ✔ Was Ihr Bruttojahresgehalt ist?
- ✔ Ob Sie eine jährliche Sonderzahlung zu erwarten haben und wie hoch die ist?
- ✔ Ob und wie viel Urlaubsgeld Sie bekommen?
- ✔ Ob Sie vermögenswirksame Leistungen bekommen und wie hoch diese sind oder ob es eine betriebliche Altersvorsorge oder Zuschüsse zur Altersvorsorge gibt?
- ✔ Ob und welche Zuschläge Sie kriegen?

Freiwillig wird er Ihnen mit Sicherheit Ihr Bruttojahresgehalt nennen. Mehr wohl kaum. Haben Sie keine Hemmungen: Fragen Sie nach:

»Was genau ist alles in diesem Bruttojahresgehalt enthalten?«

Sie wollen doch schließlich so genau wie möglich wissen, was Sie verdienen!

Wenn es Ihnen zu wenig ist, dann drucksen Sie nicht rum, sondern sagen, dass es Ihnen zu wenig ist! Was riskieren Sie denn schon? Entweder sagt Ihnen Ihr Gesprächspartner gleich Tschüss und Ihre Bewerbung ist erledigt, oder er fragt, was Sie sich vorgestellt haben. Damit haben Sie beide die Chance, Ihr Gehalt so zu verhandeln, dass Sie sogar beide am Ende als Sieger dastehen. Wäre doch genial!

Übrigens sind Sonderzahlungen, Urlaubs- und Weihnachtsgeld wirklich mittlerweile echte Schmankerl! Firmen zahlen diese häufig nur noch, wenn sie durch Tarifverträge daran gebunden sind. Die meisten Firmen zahlen solche Extrabonbons leider nicht mehr. Machen Sie also einen Luftsprung, wenn Sie das Geld von Ihrem neuen Chef geschenkt bekommen!

Vermögenswirksame Leistungen

Verzichten Sie auf keinen Fall auf **Vermögenswirksame Leistungen (VL)**! Das ist echt geschenktes Geld! Fast alle Arbeitgeber zahlen ihren Mitarbeitern einen Zuschuss zu den Vermögenswirksamen Leistungen. Der maximal mögliche jährliche VL-Beitrag variiert je nach Sparform: Bei Investmentsparen sind es 400 Euro jährlich, bei Bausparen 470 Euro pro Jahr. Wie hoch nun der Zuschuss ist, hängt vom Unternehmen ab.

Aber selbst wenn Ihr Arbeitgeber nicht den vollen Beitrag übernimmt, sollten Sie auf alle Fälle den fehlenden Anteil durch Eigenleistungen aus Ihrer Gehaltszahlung aufstocken. Warum? Ganz einfach: Der Staat fördert VL-Sparen, indem er Ihnen eine Sparzulage gewährt – egal ob Ihr Arbeitgeber alles bezahlt oder Sie einen Teil beisteuern! Diese staatliche Sparzulage müssen Sie allerdings selbst jedes Jahr mit Ihrer Steuererklärung beantragen. VL-Sparverträge laufen immer sieben Jahre. Bei Vertragsende wird Ihnen die staatliche Sparzulage dann ausgezahlt. Ob Sie diese staatliche Förderung kriegen, hängt von der Höhe Ihres Jahresbruttogehaltes ab, ob Sie Kinder haben oder nicht, spielt ebenfalls eine Rolle. Neugierig? Dann werfen Sie doch mal ein Blick in www.finanzpartner.de.

Haben Sie noch Fragen zu Ihrem Gehalt? Nein? Prima. Dann können Sie sich langsam aber sicher auf das nahende Ende Ihres Vorstellungsgesprächs freuen.

Jetzt dürfen Sie aufatmen

Keine Sorge, gleich haben Sie es geschafft: Das Ende Ihres Vorstellungsgespräches ist fast greifbar. Jetzt aber ja nicht überstürzt und fluchtartig davonstürmen! Überlegen Sie nochmals, ob alle Ihre Fragen beantwortet wurden – haben Sie auch nichts vergessen? Gut, dann kann die Verabschiedung beginnen.

- ✔ In den seltensten Fällen bekommen Sie sofort beim Vorstellungsgespräch eine feste Zusage oder sogar einen Arbeitsvertrag vorgelegt, den Sie nur noch unterschreiben müssen. Das ist Ihr Lottogewinn! Greifen Sie ja zu und überlegen Sie nicht zu lange, schon dreimal nicht, wenn Sie Ihr Gespräch so richtig klasse fanden und sich rundum wohlgefühlt haben. Daheim wartet die Flasche Champagner schon lange darauf, endlich geköpft zu werden!

- ✔ Jetzt machen Sie sich aber auch keinen Kopf, wenn Sie »nur« freundlich verabschiedet werden. Das ist die Regel. Ihr Gesprächspartner bedankt sich für das nette Gespräch mit Ihnen und sagt Ihnen, dass Sie »in wenigen Tagen Bescheid bekommen«. Sie sagen ebenfalls Danke für das ausführliche und informative Gespräch, geben ihm Ihre Hand, lächeln freundlich und sagen »Auf Wiedersehen«. Langsam umdrehen und aufrecht weggehen. Geschafft!

Jetzt heißt es abwarten! Manchmal allerdings endet Ihr Vorstellungsgespräch an dieser Stelle noch nicht wirklich: Eine besondere Herausforderung wartet erst mal noch auf Sie! Lesen Sie weiter.

Teil III

Gruppeninterview gehört dazu

»Sie haben mich am Strand angesprochen, ob ich nicht Interesse an einem Job hätte. Und so hatte ich dann mein erstes Vorstellungsgespräch, das beendet werden musste, weil die Flut kam.«

In diesem Teil ...

... werden Ihnen alle »Geheimnisse« rund um das Gruppeninterview offenbart! Sie werden Schritt für Schritt mit den verschiedenen Themen und dem Ablauf eines Gruppeninterviews vertraut und lernen, wie Sie sich geschickt und überzeugend auch während dieser Herausforderung präsentieren.

Alle auf einmal! Das Gruppeninterview   7

> ### In diesem Kapitel
> ✔ Worüber gerne diskutiert wird
> ✔ Schlüsselqualifikationen sind auch hier gefragt
> ✔ Zeigen Sie, was Sie draufhaben

So ein super Vorstellungsgespräch! Sie dachten, Sie hätten den Job schon in der Tasche und dann das: Sie müssen ins Gruppeninterview. Ein Saal voller Bewerber, jeder heiß auf den Job, Rivalität liegt in der Luft! Da müssen Sie jetzt durch! Wollen Sie aus der Masse hervorstechen? Na klar! Dann müssen Sie diskutieren können! Mit allen und völlig egal, über welches Thema. Ihr potenzieller neuer Chef interviewt alle Bewerber, er gibt Thema und Zeitrahmen vor. Was die Themen selbst angeht, gibt es keine *Richtlinien*, die können völlig variieren. Also mal sehen, was kommt!

Heißer Diskussionsstoff: die Themenauswahl

Es kann passieren, dass alle Bewerber reihum nach ihren Hobbys, ihren Erwartungen, ihren Eigenschaften und und und gefragt werden. Also alles, was Sie in Ihrem Lebenslauf und Anschreiben schon formuliert haben. Ist doch prima! Hier sind Sie absolut geübt, es kann gar nichts schiefgehen!

Im Grunde will Ihr Chef nur noch mal den Eindruck, den er aus Ihren Unterlagen gewonnen hat, von Ihnen bestätigt bekommen.

Aber mal ehrlich: Eine Gruppendiskussion ist bei den Themen schwer möglich, oder? Deshalb werden für ein Gruppeninterview fast immer allgemeine Themen ausgesucht, damit tatsächlich ein bisschen Leben in die Bude kommt! Schließlich will Ihr zukünftiger Chef wissen, ob und wie sozial Sie sich in einer Gruppe verhalten! Viel spannender ist es zum Beispiel, Ihnen konkrete Aufgaben zu stellen:

✔ Das Unternehmen hat ein neues Produkt entwickelt. Es soll der Verkaufsschlager werden. Entwickeln Sie gemeinsam mit den anderen eine Strategie, damit dieses Produkt ein Verkaufshit wird.

Jetzt müssen Sie mit den anderen zusammenarbeiten, ob Sie wollen oder nicht! Wie Sie sich clever in einer solchen Situation verhalten, werden Sie nun sukzessive lernen. Was könnte Sie noch Spannendes erwarten?

✔ Sie bekommen einen Beruf zugeteilt. Jeder von Ihnen bekommt ein Blatt Papier, auf dem zehn Begriffe zu diesem Beruf stehen, und jeder muss für sich diesen zehn Begriffen analog einer Skala von 1 (das wichtigste) bis 10 (völlig unwichtig) einen Wert zuordnen. Dann geben Sie Ihr Papier dem Diskussionsleiter ab, auf dem natürlich auch Ihr Name steht. Schließlich will er nun in der Gruppendiskussion verfolgen, ob und wie Sie es schaffen, den anderen klarzumachen, dass Ihre Werte-Skala die beste ist. Klar schaffen Sie das! Mit der nötigen charmanten Konsequenz und Überzeugung.

✔ Natürlich können Fragen zu allgemeinen, politischen und wirtschaftlichen Themen kommen. No problem für Sie! Schließlich wissen Sie, dass Sie (wenigstens) während Ihrer Bewerbungsphase auf dem Laufenden sein müssen, was alles in der Welt passiert. Das ist einfach so! Also lesen Sie Zeitung, hören Sie Radio und saugen Sie die Nachrichten Tag für Tag auf. Sie werden im Gruppeninterview mit Ihrem Wissen glänzen.

Dies sind nur ein paar Beispiele. Sie sehen schon: Hier ist wirklich nahezu alles möglich. Was will Ihr potenzieller neuer Arbeitgeber jetzt wohl noch so alles über Sie erfahren?

Beweisen Sie Ihre Teamfähigkeit

Alle reden ständig davon. Aber was ist Teamfähigkeit?

Teamfähigkeit
Es ist die Bereitschaft, in einer Gruppe zu arbeiten, seine eigenen Meinungen und Gedanken ebenso wie die der anderen weiterzuentwickeln und sich so auf unterschiedliche Prozesse einlassen zu können.

Mehr ist es im Grunde nicht. Das können Sie, Sie haben es gerade bewiesen. Es kommen nur noch ein paar wenige Kleinigkeiten dazu:

- ✔ Ohne Regeln geht kaum etwas, auch nicht bei Teamwork. Formulieren Sie klare Regeln. Diese Regeln müssen alle akzeptieren, und jeder Einzelne hält sich an sie.

- ✔ Sie alle haben ein gemeinsames Ziel. Genau das wollen Sie erreichen. Gemeinsam! Ihr persönlicher Erfolg ist zwar ganz nett, im Vordergrund steht ab jetzt allerdings immer der Erfolg des ganzen Teams. Sie sind also ein kleines elementares Teilchen in einer größeren Menge.

✔ Jeder sieht ein Problem aus einer anderen Perspektive. Genau diese unterschiedlichen Sichtweisen sind wichtig: Sie ergeben Ihre gemeinsame gebündelte Stärke! Teamstärke! So wird nichts vergessen und ein Problem oder eine Aufgabe von vielen Seiten beleuchtet und diskutiert. Wo führt das hin? Na wohin schon: zu einer gemeinsamen Lösung und damit zum gemeinsamen Erfolg!

✔ Integration lautet das Zauberwort! Gehen Sie auf die anderen ein, helfen Sie ihnen und lassen Sie sich selbst helfen. Spielen Sie aber ja kein »Opfer«. Ihr Selbstbewusstsein ist weiterhin gefragt. Schließlich bedeutet Integration nicht »unterordnen«! Ganz im Gegenteil: Gleichberechtigung ist angesagt! Das Motto lautet: Einer für alle, alle für einen!

Jetzt wissen Sie genau, was Teamfähigkeit ist. Verhalten Sie sich entsprechend und Sie gewinnen alle Sympathien! Ist Teamfähigkeit eine Ihrer ganz großen Stärken? Ihre größte sogar? Wow, mal sehen, was Sie sonst noch zu bieten haben!

... und Ihre weiteren Stärken

Die haben Sie doch schon längst unter Beweis gestellt! Vor allem während Ihres Vorstellungsgesprächs. Denken Sie nach. Wie haben Sie sich da verhalten? Zum Beispiel während der Warming-up-Phase:

✔ Fließend, immer entlang am roten Faden, ohne zu stottern, haben Sie über sich erzählt. Aha! Sie haben Ihr *Selbstbewusstsein* und Ihre *Souveränität* gezeigt.

✔ Ihr Gesprächspartner hat Ihren Ausführungen gespannt gelauscht: Super, Sie können *andere begeistern*! Das kann nicht jeder. Sie können richtig stolz auf sich sein!

✔ Sie haben Ihrem Gesprächspartner konzentriert zugehört, sind auf seine Fragen eingegangen, haben Ihre Antworten charmant und überlegt formuliert. Sie sind also ein *aktiver Zuhörer*, der weiß, wovon er spricht und so andere *überzeugt*. Diese Eigenschaften hat nicht jeder! Sie sind eine echte Rarität!

Und im weiteren Verlauf Ihres Vorstellungsgesprächs haben Sie noch mal zugelegt:

✔ Ihr Sprachverhalten hat sich womöglich deutlich gesteigert: Sie haben nicht nur ohne Punkt und Komma und trotzdem klar und deutlich gesprochen, womöglich haben Sie Pointen gesetzt? Ihren Gesprächspartner zum Nachdenken und auch mal zum Lachen gebracht. Ihr *Ausdrucksvermögen* ist spitzenklasse!

✔ Und erst Ihr *Kommunikationsverhalten*: Sie haben Blickkontakt gehalten, eine freundliche, offene und verbindliche Mimik an den Tag gelegt! Einfach umwerfend!

✔ Jetzt kommt's noch besser: Bei der Bearbeitung der geforderten Arbeitsaufgabe oder Arbeitsprobe haben Sie zwar Ihren eigenen Standpunkt vertreten, dennoch die Einwände Ihres Gesprächspartners immer wieder berücksichtigt und abgewägt, was am ehesten zur Aufgabenlösung beiträgt. Immer mal wieder haben Sie passende Lösungen angeboten und sind dabei total sachlich geblieben. Sie haben keine Minute das Ziel aus den

Augen verloren! Mehr *Zielstrebigkeit* gepaart mit *Konflikt- und Kompromissfähigkeit* kann sich kein Arbeitgeber wünschen!

✔ Haben Sie damit nicht auch Ihre *Flexibilität* unter Beweis gestellt? Sie sind immer wieder auf neue Anregungen eingegangen, haben unterschiedliche Gesichtspunkte und Infos gesammelt, um den optimalen Lösungsweg zu finden. Waren kreativ und sind nicht einfach nur stur gerade Ihren Weg entlanggegangen. Ihre Stärken sind kaum noch zu toppen!

Viel mehr Stärken können Sie in einer Gruppendiskussion auch kaum unter Beweis stellen. Was also soll Ihnen passieren? Gar nichts. Sie werden diese Herausforderung ganz leicht meistern! Wie läuft jetzt wohl so eine Gruppendiskussion ab? Mal sehen, ob dieser Ablauf Sie nicht total an den Ablauf Ihres Vorstellungsgespräches erinnert.

Jetzt wird diskutiert: in drei Phasen 8

In diesem Kapitel
- ✔ Ein Warming-up brauchen alle
- ✔ Diskutieren heißt nicht streiten
- ✔ Ende gut, alles gut

Aller guten Dinge sind drei! Wie gut, dass eine Gruppendiskussion drei Phasen hat: die Anwärmphase, den Hauptteil oder die Diskussionsphase und den Schluss. Streitereien, willenlose Diskussionen und großes Geschrei will keiner! Jede Diskussion soll Niveau haben und schließlich zu einer Problemlösung führen. Das geht nicht, wenn jeder den anderen anbrüllt. Aber das wissen Sie ja!

Sich in der Anwärmphase näherkommen

Wer nimmt denn alles an einem Gruppeninterview teil? Nun, in aller Regel gibt es einen Interviewer und zwei bis drei zusätzliche Beobachter, die sich erst mal ein wenig mehr im Hintergrund halten. Im Anschluss an die Gruppendiskussion tauschen die Beobachter gemeinsam mit dem Interviewer ihre Eindrücke aus. Bevor die Diskussionsrunde losgeht, werden Ihnen die Beobachter namentlich und mit Ihrer Funktion vorgestellt, mehr aber auch nicht. Lassen Sie sich von denen genauso wenig aus der Ruhe bringen wie von dem Interviewer selbst.

Manchmal liegt ein Schild auf Ihrem Platz. Schreiben Sie erst mal Ihren Namen auf das vor Ihnen liegende Schild, wenn Platz genug ist Vorname und Nachname, ansonsten eben nur Ihren Nachnamen.

Sie sitzen mitten in der Runde Ihrer Mitbewerber, meist im Halbkreis, sodass jeder jeden anschauen kann, und schon geht's los: Der Interviewer stellt sich und sein Unternehmen noch mal kurz vor, und dann will er wissen, wer Sie sind und natürlich auch, warum Sie sich gerade auf diese Stelle beworben haben. Sie sind dran! Das ist nun wirklich eine Ihrer leichtesten Übungen: Sie präsentieren sich selbst so wie Sie es schon x-mal geübt haben:

✔ Sie beherrschen Ihren Lebenslauf vorwärts wie rückwärts, Sie wissen also bestens, wer Sie sind und was Sie wollen.

✔ Die Stellenanzeige haben Sie intensiv analysiert und können locker flockig begründen, warum Sie sich auf diesen Ihren Traumjob bewerben.

Worauf warten Sie? Erzählen Sie, wer Sie sind und warum Sie hier sind: Machen Sie sich interessant und alle anderen neugierig! Sie können das! Wenn Sie eine Zeitvorgabe von drei bis fünf Minuten bekommen, ist das doch ein überhaupt kein Problem: Sie haben schließlich gelernt, wie Sie sich auf das Wesentliche und Wichtigste konzentrieren und so Ihre persönlichen Highlights setzen.

> ### 🎯 Nehmen Sie sich Zeit
> Und nicht vergessen: drei bis fünf Minuten können ganz schön lang sein, Sie brauchen jetzt nicht wie der D-Zug im Eiltempo zu reden! Schließlich soll Sie jeder gut verstehen können.

An was denken Sie noch?

- ✔ Gut aufgepasst! *Jeden mal ansehen*! Erzählen Sie nicht nur dem Interviewer, wer Sie sind, richten Sie Ihre Worte an die ganze Gruppe, indem Sie immer mal wieder einen anderen anschauen. Und schon haben Sie zusätzliche Fleißpünktchen erhascht: Sie haben nämlich die Gruppe in Ihre persönliche Vorstellung mit einbezogen! Genau das will Ihr potenzieller Arbeitgeber sehen!

- ✔ Wie sitzen Sie? Ja nicht dahingepflanzt und schon gar nicht am Stuhl festgekrallt! Genau: gerade und aufrecht mitten auf dem Stuhl, sodass Sie Ihre Hände nach Belieben einsetzen können, um Ihren Worten noch mehr Ausdruck zu verleihen. Mensch sind Sie gut!

- ✔ Was machen Sie, wenn Sie aufstehen müssen? Ihre Hände sind lebendig, also lassen Sie sie miterzählen! Wenn das nicht Ihr Ding ist, dann halten Sie wenigstens die Hände vor sich, sodass sich ab und an mal Ihre Fingerspitzen berühren, Sie die Hände wieder zur Seite sinken lassen können und wieder hochnehmen. Das ist immer noch besser und wirkt lebhafter, als die Hände in der Tasche zu haben.

✔ Wenn Sie so gar nichts mit Ihren Händen anfangen können, sehen Sie zu, dass Sie immer einen Stift griffbereit haben. Sie mussten vor der Vorstellungsrunde Ihren Namen auf das Kärtchen schreiben, das vor Ihnen steht? Bingo! Behalten Sie den Stift in Ihren Händen, dann sind diese gut beschäftigt ohne dass das jemanden stört.

Übrigens gilt die Beweglichkeit nicht nur für Ihre Hände: Ihr Oberkörper und Ihre Beine sind genauso beweglich. Drehen Sie sich ab und an mal ein wenig um, damit Sie auch im Stehen während Ihrer Präsentation jeden wenigstens einmal angesehen haben! Denken Sie an die Fleißpünktchen.

Kreuzen Sie bloß nicht Ihre Arme vor Ihrer Brust!

Dieses Brustkreuz gilt noch immer als die *Abwehrhaltung* schlechthin und signalisiert einen gewissen Grad von Verschlossenheit. Ob Sie das sind oder nicht, spielt keine Rolle: Es wirkt so! Sie sind doch das absolute Gegenteil: aufgeschlossen, neugierig, weltoffen!

Ihre Zeit ist um, Sie haben sich optimal präsentiert? Weiter so! Wie? Sie glauben, das eine oder andere haben Sie vergessen oder hätten Sie besser machen können? Auch gut. Das nächste Mal passen Sie auf und setzen Ihre Ideen in die Tat um. Das nennt sich »Lerneffekt«. Nutzen Sie ihn!

Sie dürfen sich jetzt in Ihrem Stuhl zurücklehnen. Bleiben Sie für die kommenden Minuten absolut wachsam! Konzentrieren Sie sich – auf die anderen:

- ✔ Was erzählen die über sich?
- ✔ Gibt es irgendwelche Gemeinsamkeiten, zum Beispiel gleiche Hobbys, Schulen, die Sie auch besucht haben, Wohnorte und und und?
- ✔ Wie gut sprechen die anderen Hochdeutsch? Kommt da ein wenig Dialekt zum Vorschein, Saarländisch, Pfälzisch, Bairisch?
- ✔ Spricht jemand besonders laut oder besonders leise?
- ✔ Wie wirken die anderen auf Sie: aufgeschlossen, lebhaft oder eher introvertiert, zurückhaltend?
- ✔ Versucht jemand, besonders witzig zu sein?
- ✔ Wie sitzen die anderen auf ihren Stühlen? Locker, ängstlich, sogar festgekrallt?
- ✔ Wie verhalten die sich bei ihrer Präsentation? Gibt's da Gestik, verändert sich die Mimik?

Warum Sie die anderen so genau studieren sollen? Ganz einfach: Damit Sie einschätzen können, mit wem Sie es zu tun haben! Sie lernen in diesen wenigen Minuten eine ganze Menge über Ihre Konkurrenten:

- ✔ Jemand, der sich selbst sehr introvertiert und zurückhaltend präsentiert, wird nicht unbedingt der Wortführer in der Gruppendiskussion werden.
- ✔ Erzählt jemand dagegen laut und mit viel Brimborium über sich, wird der bestimmt versuchen, die Diskussion an sich zu reißen. Sie werden sehen.

Stellen Sie sich vor, einer oder alle müssen sich vor Ihnen vorstellen. Sie sind der Letzte in der Runde. Klasse, wenn Sie Gemeinsamkeiten entdeckt haben, auf die Sie sich beziehen können:

»Zufällig bin ich im gleichen Ort geboren wie xy …«

»Auch ich habe wie Frau x das Gymnasium y in z besucht.«

»Mir scheint, wir sind eine recht sportliche Gruppe. Wie alle hier bin auch ich in meiner Freizeit sportlich aktiv. Mein Hobby ist …«

Aha, Sie haben den anderen aktiv und aufmerksam zugehört! Und jetzt integrieren Sie sogar die Aussagen der anderen in Ihre persönliche Vorstellung. Besser geht's gar nicht! Ihre Teamfähigkeit sticht bereits an dieser Stelle ins Auge! Der Interviewer wird begeistert sein. Die Beobachter genauso. Nutzen Sie Ihr Wissen über die anderen auch in der Diskussion! Wie, erfahren Sie gleich.

Konfrontation – ohne Streitereien

Die heiße Phase ist da! Wie heiß sie tatsächlich wird, hängt vom Interviewer ab. Gibt er ein Thema vor und befragt reihum einen nach dem anderen nach seiner Meinung, wird kaum eine richtig heiße Diskussion zustande kommen. Sie merken, eine solche »Diskussion« wird sehr stark vom Interviewer gesteuert. Was soll damit erreicht werden?

Genau, jeder einzelne Bewerber kann genauestens beobachtet werden:

- ✔ Wie ist sein Ausdrucksvermögen und die Aussprache? Formuliert er deutlich und bleibt im Redefluss oder stockt er häufig?
- ✔ Wie ist das Kontaktverhalten? Blickt er nur den Interviewer an oder richtet er seinen Blick an alle?
- ✔ Erweckt seine Aussage bei den anderen Aufmerksamkeit? Kann er sie für seine Aussage begeistern?
- ✔ Integriert er die anderen? Er nimmt Bezug auf bereits getroffene Aussagen und knüpft daran an.
- ✔ Behält er den roten Faden? Er verliert sein Ziel nicht aus den Augen.
- ✔ Verändert er seine Körperhaltung, wenn er antwortet? Gestikuliert er mit Händen, Beinen, dem ganzen Körper oder bleibt er völlig still sitzen?
- ✔ Nimmt er wieder seine ursprüngliche Haltung ein, wenn der Nächste dran ist?

Nicht schlecht, oder? Dass man mit so einer einfachen Frage so viel bei dem anderen erkennen kann. Viel interessanter und noch aussagekräftiger wird das Ganze, wenn die Gruppe nicht reihum befragt wird, sondern selbst diskutieren darf.

Sie sind also bereits mächtig aktiv! Andere genauso! Während Ihrer lebhaften Diskussion haben die Beobachter alle Hände voll zu tun. Die nehmen Sie jetzt genauestens unter die Lupe:

- ✔ Zeigen Sie Initiative und starten die Diskussion? Oder helfen Sie immer mal wieder, damit es weitergeht, wenn der Diskussion die Luft ausgeht?

Personentypen in Ihrer Gruppe begegnen

Überlegen Sie, was Sie bereits beobachtet haben. Zwei Menschen sind Ihnen schließlich schon aufgefallen:

- ✔ **Der Zurückhaltende.** Der ist schon mal keine potenzielle Gefahr für Sie, aber ein Spannungsfeld: Integrieren Sie ihn in die Diskussion! Wenn er nichts von sich aus sagt, richten Sie gezielte Fragen an ihn! Mensch, sind Sie gut! Sie verstehen es nämlich, Schwächere zu motivieren.

- ✔ **Der von sich Überzeugte.** Den auszubremsen wird gar nicht so einfach. Sie können das: Lassen Sie ihn ausreden, äußern Sie Ihre Meinung und fragen gleich einen, der noch nichts oder wenig gesagt hat, nach seiner Meinung. Schon wieder die anderen integriert! Lassen Sie sich nicht auf ein verbales Duell mit dem Besserwisser ein! Lenken Sie ab. Beziehen Sie die anderen in Ihr Duell mit ein. Schließlich wollen Sie diskutieren und sich nicht duellieren.

- ✔ Hören Sie den anderen aktiv und aufmerksam zu?
- ✔ Lassen Sie andere ausreden?
- ✔ Tolerieren und akzeptieren Sie andere Meinungen?
- ✔ Oder versuchen Sie auf Biegen und Brechen, Ihre Meinung durchzusetzen?
- ✔ Lassen Sie sich in Ihrem Redefluss unterbrechen oder nicht?
- ✔ Halten Sie Blickkontakt zu den anderen?

- ✔ Versetzen Sie sich in die Rolle der anderen und zeigen eine gewisse Sensibilität für die Interessen der anderen?
- ✔ Vermitteln Sie untereinander?
- ✔ Motivieren Sie andere Teilnehmer, mitzudiskutieren?
- ✔ Wirken Sie sicher, überzeugend und bleiben sachlich?
- ✔ Behalten Sie den roten Faden? Machen Sie immer wieder Vorschläge, halten Ergebnisse fest, strukturieren die Beiträge?
- ✔ Weisen Sie anderen Aufgaben zu?
- ✔ Übernimmt die Gruppe Ihre Meinung als Gruppenmeinung?

Sie fühlen Sie wie unterm Mikroskop, so viele Kleinigkeiten, auf die die Beobachter achten. Das können Sie sich doch gar nicht alles merken! Doch, können Sie! Sie haben es doch gerade gelesen: Sie wissen ganz genau, wie Sie sich zu verhalten haben! Und so viel kann jetzt nicht mehr kommen. Sehen Sie selbst …

Entspanntes Finale

Die Diskussion war ein voller Erfolg! Ihnen ist jetzt noch heiß, Ihre Wangen glühen noch immer, so eifrig haben Sie mitgewirkt.

- ✔ Der Interviewer fasst noch einmal zusammen, was Sie gerade alle gemeinsam erarbeitet haben,
- ✔ bedankt sich bei Ihnen für die lebhafte Diskussion und
- ✔ verabschiedet Sie – fürs Erste.

Mehr ist es nicht. Warten ist angesagt. Der Interviewer und die Beobachter werten nun ihre Notizen aus, und dann erst geht's für Sie weiter.

Wie haben Sie sich geschlagen?

Lassen Sie während dieser Auswertung die ganze Diskussion nochmals Revue passieren:

- ✔ Wie sind Sie vorgegangen?
- ✔ Haben Sie sich richtig verhalten?
- ✔ Gab's Momente, wo Sie am liebsten davon gestürmt wären, oder war alles rund um okay für Sie?
- ✔ Worauf haben Sie besonders geachtet?

Nehmen Sie Ihre Empfindungen und Eindrücke auf, aber bewerten Sie sie nicht zu stark. Woher wollen Sie wissen, dass der Interviewer und die Beobachter die gleichen Eindrücke von Ihnen haben wie Sie selbst? Viel wichtiger ist, dass Sie sich bewusst werden, wie Sie sich verhalten haben und warum Sie sich so und nicht anders verhalten haben. Daraus können Sie jede Menge lernen und sogar eine Strategie entwickeln. Das nächste Kapitel ist für Ihre Strategie mit Sicherheit eine große Hilfe. Lesen Sie weiter.

Werden Sie aktiv, aber richtig 9

In diesem Kapitel
✔ Aktivität heißt hier nicht Hektik
✔ Wie wenige Regeln Sie erfolgreich machen
✔ Fragen will gelernt sein

Mutig haben Sie sich in die Gruppendiskussion gestürzt und sind sogar ohne größere Blessuren davon gekommen. Nur die Schweißperlen ... von denen haben Sie eine ganze Menge vergossen! Das ist völlig normal. Es können aber ein paar weniger werden:

 Prägen Sie sich die nachstehenden Grundregeln ein, üben Sie diese immer wieder bewusst, wenn's sein muss still und heimlich in Ihrem Kämmerlein. Solange bis sie Ihnen in Fleisch und Blut übergegangen sind.

Ist Ihr Verhalten perfekt, haben Sie die nötige Gelassenheit und Zeit, sich völlig auf die Diskussion und deren Thema zu konzentrieren. Los geht's, üben Sie!

Kleines Verhaltens-ABC

Was machen Sie als Erstes, wenn Sie einen mit Menschen gefüllten Raum betreten? Richtig: Sie sagen »Guten Tag.«. Das machen Sie auch jetzt, wenn Sie auf Ihre Gruppe treffen. Ihr Interviewer hat Sie persönlich in Empfang genommen, und Sie haben sich beide begrüßt. Nun betreten Sie den Raum, in dem schon einige andere Bewerber sitzen.

- Gehen Sie auf jeden Einzelnen zu.
- Strecken Sie ihm die Hand hin.
- Sagen Sie »Guten Tag, mein Name ist …« oder »Max Muster, guten Tag«.
- Erst wenn Sie alle Anwesenden begrüßt haben, setzen Sie sich auf einen freien Stuhl.

Alle Achtung! Sie haben gerade mit Ihrem guten Benehmen Mordseindruck geschindet. Weiter so!

Achten Sie mal darauf, ob außer Ihnen noch ein anderer Bewerber, der frisch zur Gruppe kommt, sich so elegant vorstellt und alle begrüßt. Sie werden Ihr blaues Wunder erleben, wie wenige diese kleine Etikette beherrschen.

Weiter geht's:

- Bleiben Sie während der ganzen Diskussion freundlich und höflich. Das Wörtchen »bitte« kommt immer gut an! Wenn Sie eine Frage an einen Mitbewerber oder gar den Interviewer richten, klingt das so doch richtig schön: »Wie bitte ist denn Ihre Meinung?« oder »Wie bitte soll ich das verstehen?« und so weiter. Kleines Wort, große Wirkung! Vor allem freundliche Wirkung! Aber bitte auch nicht übertreiben!

- Aussagen wie »Was reden Sie für einen Mist« oder »So ein Blödsinn, so ein Schwachsinn …« haben in einer Gruppendiskussion nichts zu suchen! Streichen Sie die Worte aus Ihrem Sprachschatz. Respekt- und rücksichtsvoller Umgang miteinander ist angesagt. Halten Sie sich daran.

- ✔ Und was ist mit Ihrem Lächeln? Sind Sie so angespannt, dass Sie gar nicht mehr wissen, wie es geht? Na dann machen Sie sich mal locker! Lächeln Sie! Nicht grinsen und auf keinen Fall Grimassen schneiden! Ihr freundliches Keep-smiling ist angesagt.

- ✔ Blickkontakt halten! Also immer wieder von einem zum anderen sehen. Aber ja keinen anstarren! Und auf keinen Fall gelangweilt zur Decke blicken! Wenn Sie Äußerungen der anderen nerven, dann zeigen Sie das auf keinen Fall mit Ihrer Mimik! Atmen Sie einfach ganz, ganz tief durch und sagen sich innerlich »Was für ein Mist, aber okay, es geht weiter«. Versuchen Sie, neutral zu wirken.

- ✔ Sitzen und Stehen beherrschen Sie ebenfalls perfekt. Wie, nein? Dann haben Sie wohl die drei Phasen in diesem Teil überlesen. Holen Sie das nach, aber pronto! Da steht bereits alles drin.

- ✔ Wie steht's mit Ihrer nonverbalen Kommunikation? Kopfnicken signalisiert *Zustimmung*; Kopfschütteln *Ablehnung*. Das wissen Sie noch. Gut, dann beweisen Sie es auch! Was bedeutet: Schultern hochziehen, tiefes Schnaufen, Schultern sinken lassen oder nur einfaches Achselzucken? Richtig: *Ich weiß es nicht! Ratlosigkeit.*

Aha, so langsam verstehen Sie das kleine Verhaltens-ABC. Es wird Ihnen klar, dass Sie im Grunde mit jeder Faser Ihres Körpers diskutieren. Also steuern Sie Ihre einzelnen Fasern richtig!

Mal sehen, was Ihre nonverbale Kommunikation noch so alles hergibt.

- ✔ Unruhiges Auf- und Abwippen Ihrer Beine heißt? Genau: *Ich bin nervös* oder *ich bin ungeduldig*. Genau das Gleiche gilt für Händeverschränken und Daumen drehen oder Fingerspitzen aufeinanderschlagen. Unterlassen Sie das alles gefälligst während der Gruppendiskussion. Diese Verhaltensformen fallen negativ auf, und das wollen Sie schließlich nicht.

> ### *Nicht den Lehrer spielen*
> Agieren Sie auch auf keinen Fall mit erhobenem Zeigefinger! Das wirkt schulmeisterlich belehrend, ja sogar drohend! Absolut unsympathisch! Das sind Sie nicht, deshalb Finger weg vom Zeigefinger!

- ✔ Bleiben Sie offen: Nutzen Sie offene Gesten wie offene Arme mit nach außen zeigenden Handflächen. So signalisieren Sie, dass Sie bereit sind, die Meinungen der anderen aufzunehmen. Das macht Sie ungeheuer sympathisch.

- ✔ Wie können Sie sich noch verhalten? Sich übers Kinn streichen zum Beispiel signalisiert *Nachdenken*. Das dürfen Sie natürlich jederzeit!

- ✔ So eine Gruppendiskussion dauert mitunter recht lange und kann sehr anstrengend werden. Gähnen Sie ja nicht! Gähnen bedeutet, dass Sie ermüdet sind und auch gelangweilt! Sie werden keine Lorbeeren ernten! Weder vom Interviewer noch von den Beobachtern.

Ihre Waffen für eine erfolgreiche Gruppendiskussion

Damit Sie Ihre Gruppendiskussion freundlich, höflich, respekt- und rücksichtsvoll meistern, brauchen Sie insbesondere drei Dinge: *Ausdauer – Energie – Konzentration*.

✔ **Ausdauer**, damit Sie auf keinen Fall nach kurzer Zeit ins Gähnen und Resignieren verfallen

✔ **Energie**, damit Sie aufmerksam und gespannt die Diskussion verfolgen und sich immer zum richtigen Zeitpunkt einmischen können

✔ **Konzentration**, damit Sie den roten Faden nicht verlieren und so die anderen übertrumpfen

Jetzt schieben Sie nicht gleich schon wieder Panik, dass das alles viel zu viel ist! Sie können das, und mit ein bisschen Übung werden Sie immer besser. Prägen Sie sich die Verhaltensregeln ein. Nehmen Sie kleine Diskussionen im privaten oder geschäftlichen Bereich: Versuchen Sie, sich optimal zu verhalten! So wie Sie es gerade gelernt haben. Das geht nicht beim ersten Mal. Erleben Sie, wie Sie sich entwickeln! Ehrlich, Sie kriegen immer mehr Übung, und dann kommt der Moment, wo Sie plötzlich anfangen, die anderen zu studieren. Wie verhalten die sich denn? Was machen die für Fehler? Jetzt haben Sie es geschafft! Das kleine Verhaltens-ABC ist Ihnen in Fleisch und Blut übergegangen! Sie können locker in jede Gruppendiskussion gehen!

Sie stellen die richtigen Fragen

Worum geht es in einer Gruppendiskussion? Ganz einfach: ums Diskutieren. Es geht um einen angeregten Meinungsaustausch, der nicht einschlafen, sondern für eine kurze Zeit recht intensiv sein soll.

Das heißt für Sie, dass Sie nicht einfach nur dasitzen können und warten, bis Sie gefragt werden, um dann eine Antwort zu geben. Ihre Aktivität ist gefragt! Die Beobachter wollen sehen, dass Sie in der Lage sind, eine Diskussion in Gang zu setzen.

Und wie machen Sie das? Genau: mit den richtigen Fragen! Wie müssen die aussehen? Die müssen knackig sein! Sie wollen die anderen zum Nachdenken und Mitdenken anregen. Das funktioniert mit ganz einfachen *offenen Fragen*:

»Wie ist Ihre Meinung zu dem Thema xy?«

»Glauben Sie auch, dass das eine gute Idee ist?«

»Was genau macht Sie so sicher, dass Ihre Entscheidung die richtige ist?«

»Wieso sind Sie von xy so überzeugt?«

»Was bedeutet Ihre Entscheidung für Team?«

»Wieso glauben Sie, dass wir mit Ihrem Vorschlag unser Problem lösen?«

»Was meinen die anderen?«

»Herr xy, würden Sie dem zustimmen? Wenn ja, warum?«

»Was sind die Vorteile/Nachteile von …?«

»Überlegen wir noch einmal in Ruhe: Was bedeutet xy? Warum sollen wir so vorgehen?«

Sie haben es kapiert! Auf diese Fragen kann jeder seine eigene Meinung äußern. Viele Meinungen bedeuten einen Meinungsaustausch. Mehr braucht eine aktive Gruppendiskussion nicht. Und Sie stechen aus der Gruppe hervor! Wieso? Na, weil Sie es schaffen, die Diskussion, den Meinungsaustausch mit Ihren wenigen Fragen immer wieder weiter voranzutreiben. Sie bringen sich aktiv ein und geben allen anderen die Chance, sich ebenso zu beteiligen. Sie beweisen also immer wieder Ihre Teamfähigkeit!

 Und wie war das noch mal? Was machen Sie, wenn Ihnen eine Frage gestellt wird, die Sie nicht gleich beantworten können? Genau: freundlich zurückfragen:

»Habe ich Sie richtig verstanden, dass …?«

Schon haben Sie den nötigen Zeitpuffer, um sich Ihre Antwort zu überlegen.

Alle Achtung! Sie haben es geschafft! Die Diskussion ist dank Ihrer Fragen prima gelaufen!

Übrigens, wie überzeugen Sie denn andere von Ihrer Meinung? Sie erklären mehr oder weniger ausführlich, warum Sie diese Meinung vertreten. So sieht also Ihre Überzeugungsstrategie aus:

- ✔ Stichhaltige Argumente sammeln
- ✔ Gründe, die beweisen, dass Ihre Meinung richtig ist und zum Ziel führt
- ✔ Gründe, die die anderen auch verstehen können
- ✔ Nachteile nicht »unterschlagen«, sondern zumindest erwähnen
- ✔ Vorteile und Nutzen klar herausstellen

Sie sind echt klasse!

Aber nicht vergessen: Wenn andere bessere Argumente haben und Sie überzeugen können, dass Ihre Meinung nicht das Gelbe vom Ei ist, dann lassen Sie das auch unbedingt zu! Sie zeigen extreme Größe, wenn Sie zugeben, dass die Vorschläge der anderen viel geeigneter sind, um das Problem beziehungsweise die Aufgabe zu lösen!

Wie geht es nach der Gruppendiskussion weiter? Wenn Sie auf Ihr Ergebnis warten müssen, werden Sie in einen separaten Raum, meist einen Pausenraum, gebracht, wo Sie sich noch ein wenig mit den anderen plauschen können. Versuchen Sie, sich etwas abzulenken und zu entspannen.

Was kann noch passieren? Nach der Gruppendiskussion ist Sense, und Sie werden direkt nach Hause geschickt. Schon möglich. Dann mal los, verabschieden Sie sich. »Tschüss« und weg sind Sie. Nein! Nicht!

 Sie geben dem Interviewer und – sofern sie auch noch im Raum sind – den Beobachtern die Hand und sagen »Auf Wiedersehen«. Das ist das Mindestmaß an

Höflichkeit, und Sie besitzen es. Also beweisen Sie es erneut.

Das kleine Einmaleins der guten Fragen

Was haben Sie beim Fragen noch gemerkt? Richtig: Ihre *Fragetechnik* ist genauso wichtig:

✔ Das Fragewort – was, wie, wo, … – gehört immer an den Anfang Ihres Fragesatzes. Warum? Damit jeder gleich weiß, was los ist: Achtung! Jetzt kommt eine Frage! Und schon konzentriert sich jeder auf Sie. Sie erzielen damit bewusst Aufmerksamkeit.

✔ Finger weg von Kettenfragen! Sie wollen doch nicht Fragen, die sich aneinanderreihen, ohne Punkt und Komma, mit vielen wichtigen Detailfragen, die so verwirrend sind, dass Sie am Ende gar nicht mal mehr wissen, was gerade als Erstes gefragt wurde oder? Das braucht keiner! Immer mit der Ruhe, stellen Sie lieber eine Frage nach der anderen. Oft ist Ihre nächste Frage schließlich abhängig von der Antwort, die gerade gegeben wurde.

✔ Sie denken dran: nicht auf ein Frage-Pas-de-deux einlassen! Das gibt dann keine Gruppendiskussion sondern einen Dialog. Der ist nun mal nicht gewünscht. Richten Sie immer wieder Fragen an die ganze Gruppe. Fällt Ihnen auf, dass sich so ein, zwei Mitbewerber gar nicht verbal beteiligen, sprechen Sie diese direkt mit Ihrer Frage an. Sie haben wieder gepunktet! Haben Sie doch auch zurückhaltenden Mitbewerbern eine Chance gegeben. Sie sind einfach klasse!

Sie werden kaum die Chance haben, Ihren Mitbewerbern nochmals die Hand zu drücken. Passen Sie mal auf, wie schnell und fluchtartig die weg sind! Aber Sie machen das nicht!

Sie fallen wieder positiv auf, indem Sie langsam gehen, kein Fluchtverhalten an den Tag legen und sich persönlich verabschiedet haben.

Sie haben einen guten, ja sogar sehr guten Eindruck hinterlassen. Und den wissen Interviewer und Beobachter zu bewerten. Sie haben Ihr Gruppeninterview gemeistert! Das ist doch ein klasse Gefühl, nicht wahr!

Teil IV
Der Top-Ten-Teil

In diesem Teil ...

... warten jede Menge Fragen auf Sie, damit Sie absolut top vorbereitet völlig gelassen in Ihr Vorstellungsgespräch gehen und den Fragen Ihres Gesprächspartners entgegensehen können. Sie werden überrascht sein, dass nicht nur Geld eine Rolle spielen kann, und im letzten Kapitel gebe ich Ihnen noch einige Tipps, was Sie unbedingt für Ihr Vorstellungsgespräch beachten sollten. Viel Spaß dabei!

Die Top-Ten-Fragen, auf die Sie vorbereitet sein sollten

In diesem Kapitel
- ✔ Es gibt noch Fragen, die Sie nicht kennen
- ✔ Richtiges Antworten will geübt sein
- ✔ Keine Angst vor »persönlichen« Fragen

Ihr Vorstellungsgespräch ist schon mächtig anstrengend! Jede Menge Fragen prasseln auf Sie ein, schließlich will Ihr neuer Chef ganz genau wissen, wen er da vor sich hat. Es können alle möglichen Fragen sein. Manche beantworten Sie wie aus der Pistole geschossen, andere erschrecken und hemmen Sie erst mal.

Ihr Mittel gegen »Schockfragen«

Wenn so eine unerwartete Frage kommt, gibt's ein geniales Mittel, mit dem Sie sich die nötige Überlegenszeit verschaffen können: Wiederholen Sie die Frage!

»Es interessiert Sie, was ich in meiner Freizeit mache? Also ...«

»Sie fragen mich, warum ich seit vielen Jahren in ein und demselben Unternehmen arbeite. Nun ...«

»Habe ich Sie richtig verstanden, dass Sie wissen möchten, warum, wieso, weshalb ...«

Merken Sie etwas? Es sind nur wenige Sekunden, die Sie brauchen, um die Frage zu wiederholen, aber es sind *entscheidende*

Sekunden! Ihr Gehirn arbeitet auf Hochtouren, und während Sie reden versucht es, eine Antwort zu finden. Und zwar eine gute! Und das gelingt auch! Probieren Sie es aus!

Zum Glück gibt's tatsächlich echte »Standardfragen«, und auf die bereitet Sie dieses Kapitel optimal vor. Lesen Sie weiter.

Was wissen Sie über unser Unternehmen?

Alles! Oder etwa nicht? Sie haben sich doch schlaugemacht:

- ✔ Über Internet
- ✔ Eventuell über die Presse
- ✔ Oder wenn's da wirklich nichts gegeben hat, über die zuständige Industrie- und Handelskammer

Glänzen Sie mit Ihrem Wissen! Erzählen Sie über die Geschichte des Unternehmens, den Aufbau, die Mitarbeiter. Ihr Gesprächspartner wird aus dem Staunen nicht mehr herauskommen!

 Wenn Sie tatsächlich überhaupt keine Infos kriegen konnten, dann sagen Sie das auch! Erzählen Sie, dass Sie Nachforschungen via Internet und die IHK angestellt haben, aber leider nichts erfahren haben.

Ihr Gesprächspartner wird zugeben müssen, dass es noch keine Homepage gibt. Was Besseres kann Ihnen nicht passieren! Jetzt ist er am Zuge und muss Ihnen alles über sein Unternehmen erzählen. Lehnen Sie sich entspannt zurück und hören Sie konzentriert zu.

Warum haben Sie sich gerade bei uns beworben?

Ganz einfach: Sie sind das größte, schönste und beste Unternehmen, das es gibt! Oh bitte nicht! Haben Sie nicht gerade vor wenigen Minuten Ihren Lebenslauf geschildert? Da ist doch glasklar geworden, dass Sie Ihre Ausbildung und Ihre Entwicklung nur ein Ziel haben: die Mitarbeit in diesem Unternehmen!

Sie wollen schließlich dazu beitragen, dass Unternehmensziele mit Ihrem Know-how erreicht werden können!

Dafür haben Sie die letzten Jahre permanent gelernt und gearbeitet. Und nun nutzen Sie die Chance, dass gerade *Ihr Job* angeboten wird. Mal ehrlich, wer kann da schon »Nein« sagen?

Wieso glauben Sie für die Stelle geeignet zu sein?

Wie? Müssen Sie jetzt noch einmal Ihren Lebenslauf zitieren? Hat Ihr Gesprächspartner nicht zugehört? Genau für diese Stelle haben Sie eine Ausbildung gemacht, haben Sie sich weitergebildet, studiert und und und!

Bleiben Sie cool, wiederholen Sie noch einmal, was Sie alles gelernt haben und warum. Sagen Sie ihm noch einmal, dass Sie eine Stütze für seine Firma sind, dass Sie über ein Know-how verfügen, mit dem die Firmenziele noch leichter und schneller erreicht werden können!

So zeigen Sie deutlich, dass Sie erkannt haben, dass nicht Ihre Wünsche das Maß der Dinge sind, sondern die Ziele der Firma! Ihr Punktekonto steigt und steigt.

Warum wollen Sie sich verändern?

»Neue Besen kehren gut!« Sie verfügen über eine Ausbildung und ein Wissen, das neuen Wind in die Firma bringen kann. Sie möchten Ihr Wissen einbringen. In der alten Firma ist das nicht möglich, da sehen Sie keine Weiterkomm-Möglichkeiten, geschweige denn mal Aufstiegsmöglichkeiten für sich selbst. Vor allen Dingen haben Sie keine Lust, *betriebsblind* zu werden. Für Sie ist es wichtig, Neues kennenzulernen, um Entwicklungen vorantreiben zu können, natürlich auch die eigene. Bei solchen Aussagen kann Ihnen keiner widerstehen!

> ### Hüten Sie Ihre Zunge
> Denken Sie daran: Verlieren Sie bloß kein schlechtes Wort über Ihre alte Firma! Das hat hier überhaupt nichts zu suchen. Ihr Gesprächspartner ist an Ihnen interessiert und nicht an den Dingen, die aus Ihrer Sicht in der alten Firma schlecht gelaufen sind.

Was tun Sie als Erstes, wenn wir Sie einstellen?

Na was wohl? Logisch:

Sie stürzen sich förmlich in die neue Aufgabe! Sie brennen darauf, Ihren neuen Job machen zu dürfen! Und Sie wollen ihn richtig gut machen.

Während Sie in Ihren neuen Job hineinwachsen, freuen Sie sich, wenn Sie auch für Ihre Ideen auf offene Ohren stoßen und ein reger Wissensaustausch mit den anderen willkommen ist.

Alle Achtung! Sie zeigen schon wieder, dass die Firma und die Firmeninteressen für Sie im Vordergrund stehen und Ihre eigenen Interessen zweitrangig sind! Mehr kann sich ein neuer Chef gar nicht wünschen. Weiter so!

Was wollen Sie in drei Jahren erreicht haben?

Noch mal ein Check Ihrer Strebsamkeit, Motivation und Ihres Karrierebewusstseins! Lassen Sie sich nicht festnageln! Bleiben Sie so charmant wie bei der Karrierefrage und erklären Sie erneut, dass Sie gemeinsam mit Ihrem Gesprächspartner sehen, wie Sie sich in den nächsten drei Jahren entwickeln, vor allem auch, wie sich das Unternehmen entwickelt!

Klasse wäre eine Führungsposition! Ob in dem Bereich, für den Sie jetzt eingestellt werden, oder in einem anderen, wird man abwarten müssen. Vielleicht möchten Sie auf Ihrem jetzigen Gebiet in drei Jahren ein echter Fachmann sein? Spezialwissen haben und als Spezialist gefragt sein?

Denken Sie nicht immer nur an vertikale Aufstiegsmöglichkeiten, die horizontalen haben ebenso ihren Reiz! ... Und lassen Sie auch bei dieser Antwort Ihre Finger vom Chefsessel Ihres Gesprächspartners!

Ärger mit dem Chef – wie reagieren Sie?

Ihn anbrüllen, schließlich sind Sie im Recht, oder etwa nicht? Natürlich nicht! Sie haben gute Nerven, sind stressresistent und konfliktfähig!

✔ Erklären Sie Ihrem Gesprächspartner, dass Sie als Erstes den Grund für den Ärger erfahren wollen.

- ✔ Sie hören sich die Begründung an, hinterfragen wie die Vorwürfe zustande gekommen sind.
- ✔ Sie werden zu den Vorwürfen qualifiziert Stellung nehmen und gemeinsam mit Ihrem Chef nach einer Lösung des Problems suchen.

Statt zu streiten, führen Sie ein tatsächliches Konfliktgespräch, das nur ein Ziel hat: den Ärger mit der optimalen Lösung aus dem Weg zu räumen und zwar so, dass es keinen Ärger mehr gibt! Mehr kann sich ein Chef von seinem Mitarbeiter nicht wünschen.

Natürlich findet eine solche Diskussion nicht vor den anderen Kollegen statt. Das Büro Ihres Chefs akzeptieren Sie schon, auch wenn er damit seine hierarchische Überlegenheit demonstriert – viel lieber wäre Ihnen ein Besprechungszimmer, in dem Sie beide sich an einen runden Tisch setzen und in Ruhe ungestört reden können.

Ihre hundert Siegespunkte rücken immer näher!

Was können Sie so gar nicht leiden?

Tratschende Kollegen, nervende Chefs, chaotisches Arbeiten … Lassen Sie sich nicht aufs Glatteis führen!

Nehmen Sie die Frage so wie sie ist: völlig unverfänglich und weichen Sie auf eben solche unverfänglichen Themen aus …

- ✔ Schlechtes Wetter, zu heiße Sommer
- ✔ Schnakenplagen

- ✔ Abgasgestank
- ✔ Müllberge und so weiter

Lassen Sie sich überraschen, wie so ein allgemeines Thema plötzlich frischen Wind in Ihr Vorstellungsgespräch bringt. Warum? Nun, ganz einfach: Sie haben sich von der geschäftlichen Ebene ganz plötzlich auf eine private begeben. Sie verraten schließlich, was Sie persönlich verabscheuen. Vielleicht erzählt Ihnen Ihr Gesprächspartner gleich aus Sympathie so manches, das er gar nicht leiden kann. Endlich können Sie mal ein wenig Luft holen und auf die nächste Frage warten.

Haben Sie irgendwelche Behinderungen?

Hier müssen Sie Rede und Antwort stehen, wenn Sie tatsächlich im Sinne des Schwerbehindertengesetzes Behinderungen haben.

Sie sind rechtlich dazu verpflichtet, weil Sie als Arbeitnehmer einem besonderen Schutz unterliegen.

Dieser gesetzliche Schutz wird auch in Ihren Arbeitsvertrag aufgenommen. Informieren Sie sich bei Bedarf unter www.schwerbehindertengesetz.de. Hier finden Sie auf alle Ihre Fragen eine Antwort.

Übrigens gilt dieses Wahrheitsgebot nicht für die Frage »Sind Sie schwanger?« Das ist eine absolut unzulässige Frage!

Wenn Sie in Ihrem neuen Job allerdings mit Gefahrenstoffen arbeiten, dann sollten Sie hier wahrheitsgemäß antworten. Schließlich wollen Sie weder Ihre Gesundheit noch die Ihres Kindes gefährden. Als Schwangere genießen Sie einen besonderen Schutz.

Einen Überblick über Ihre Rechte gibt Ihnen das Mutterschutzgesetz. Auf der Homepage von www.umwelt-online.de finden Sie in der Rubrik »Recht« eine schöne Zusammenfassung.

Ansonsten brauchen Sie diese Frage nicht zu beantworten! Oder doch? Sie darf zwar eigentlich nicht wirklich gestellt werden, aber nun steht sie doch im Raum. Was wollen Sie jetzt tun?

Sie können sagen,

- dass Sie diese Frage nicht beantworten, weil es eine unzulässige Frage ist. Okay, Ihr Gesprächspartner kann sich damit zufriedengeben oder auch nicht – seine Reaktion auf diese Antwort ist schwer einzuschätzen.
- dass Sie wissen, dass Sie diese Frage nicht beantworten brauchen, es aber doch tun, da Sie nicht schwanger sind. Die Neugierde Ihres potenziellen Arbeitgebers haben Sie auf alle Fälle befriedigt.
- dass Sie nicht schwanger sind. Mehr will Ihr Gegenüber ja gar nicht wissen.

Geben Sie ruhig zu: Das ist schon eine blöde Situation! Entscheiden Sie aus Ihrem Gefühl heraus, welche Antwort Sie geben wollen. Selbst wenn Sie hier nicht die Wahrheit sagen sollten, kann Ihnen nichts passieren! Die Frage ist alles andere als arbeitsbezogen, insofern hat Ihre Antwort auch keine Folgen für die Gültigkeit Ihres Arbeitsvertrages.

Natürlich gibt es noch jede Menge anderer Fragen. Bleiben Sie authentisch! So finden Sie auf jede Frage Ihre richtige Antwort.

Zehn Tipps für Fragen zum Eingemachten

> **In diesem Kapitel**
> - Es gibt noch mehr als »nur Geld«
> - Beweisen Sie Stil
> - Vorstellungsgespräche müssen kein teures Hobby werden

Welche weiteren Leistungen neben dem Gehalt eine Rolle spielen können, erfahren Sie gleich. Sie sollten sich auch bewusst machen, dass Sie Ihre »gute Kinderstube« unter Beweis stellen dürfen, wenn Sie Ihr Vorstellungsgespräch nicht wahrnehmen können. Und abschließend erfahren Sie, wie Sie unkompliziert an Ihre verauslagten Kosten kommen. Lesen Sie weiter.

Nicht nur Geld hat seinen Reiz

Wie, es gibt noch mehr als Gehalt? Sagen Sie bloß, Sie wissen das nicht! Nicht zu glauben! Ihr Arbeitgeber kann Ihnen Ihr Leben ganz schön erleichtern.

 Fragen Sie deshalb unbedingt in Ihrem Vorstellungsgespräch, was er so anzubieten hat.

Sie werden sich wundern! Was es alles gibt, erfahren Sie gleich. Allerdings bietet Ihnen nicht jedes Unternehmen das volle Programm. Nutzen Sie auf alle Fälle alles, wovon Sie profitieren können. Mal sehen, was es so alles im Angebot gibt!

Wichtiger denn je: die Altersvorsorge

Ohne sie geht nichts mehr! Die Altersvorsorge ist in den letzten Jahren immer wichtiger geworden, und Sie müssen sich mittlerweile selbst darum kümmern, dass Sie im Alter gut leben können. Die gesetzliche Rente allein reicht für ein Leben in Saus und Braus nicht mehr aus! Greifen Sie zu, Ihr Arbeitgeber macht Ihnen hier nämlich auf alle Fälle ein Angebot! Warum? Nun, weil er gesetzlich dazu verpflichtet ist:

Das Betriebsrentengesetz (BetrAvG) …

… regelt, dass jeder Arbeitgeber seinen Mitarbeitern eine betriebliche Altersversorgung in Form einer Entgeltumwandlung ermöglichen muss.

Sie zahlen entweder in eine Pensionskasse oder einen Pensionsfonds, alternativ auch in eine Direktversicherung einen jährlichen Maximalbetrag ein. Dieser Maximalbeitrag orientiert sich an der Beitragsbemessungsgrenze zur gesetzlichen Rentenversicherung. Klingt für Sie alles jetzt ein wenig spanisch? Macht nichts, zum Glück gibt's das Internet! Wie die betrieblichen Angebote für die Altersvorsorge konkret aussehen können, erfahren Sie zum Beispiel unter www.betriebliche-altersvorsorge24.de.

Was auch immer Ihre Firma anzubieten hat, lassen Sie sich dieses Angebot auf keinen Fall entgehen!

Bequem zur Arbeit: Das Jobticket

Günstiger geht's nicht! Zumindest mit öffentlichen Verkehrsmitteln.

Das Jobticket ist eine ganz spezielle Jahreskarte für Berufstätige. Firmen schließen mit Verkehrsunternehmen Verträge und zahlen einen Grundbeitrag an die Verkehrsunternehmen, sodass ihren Mitarbeitern vergünstigte Fahrtickets zur Verfügung gestellt werden.

> *Vorteile ohne Ende …*
> Von dem Jobticket können aber nicht nur Sie profitieren: Sie können zeitweise weitere Personen unter der Woche und ganztägig an Wochenenden und Feiertagen mitnehmen. Wie viele Personen Sie wann begleiten können, erfragen Sie am besten dann bei dem zuständigen Verkehrsunternehmen.

Na, wenn das mal keine geniale Alternative zu stressigem Autofahren ist! Vor allem bei den Spritpreisen …

Essen hält Leib und Seele beisammen: der Kasinobetrieb

Das schmeckt doch eh nicht! Von wegen! Moderne Kasinobetriebe bieten Ihnen mindestens zwei Essen zur Auswahl, achten auf Abwechslung, haben Vitamine im Angebot und einen weiteren extremen Vorteil: Sie müssen nicht selbst kochen!

 Sie haben die Chance, täglich für einen recht geringen Preis ordentlich zu essen. Ihr Arbeitgeber sponsert sein Kasino, sodass Ihnen tatsächlich wesentlich günstigere Essen angeboten werden als in Lokalen.

Mal ehrlich: Es ist doch richtig schön, wenigstens einmal am Tag mit Kolleginnen und Kollegen in Ruhe an einem Tisch zu sitzen und für ein paar Minuten zu klönen! Vielleicht gibt's im Anschluss noch einen guten Kaffee, und schon haben Sie gute Laune für das bisschen Nachmittagsarbeit. Bei den meisten Betrieben können Sie frei entscheiden, wann Sie essen gehen wollen – gefällt Ihnen der Speiseplan mal an einem Tag nicht, gehen Sie eben woanders hin. Testen Sie auf alle Fälle auch dieses Angebot Ihres neuen Arbeitgebers!

Teurer Neuanfang: Umzugskosten

Ein Umzug kostet immer Geld! Aber das wissen Sie ja. Ist doch klasse, wenn Ihr Arbeitgeber Ihnen hier freiwillig Kosten erstattet! Und dazu noch steuerfrei! Sie kriegen also ausnahmsweise mal brutto für netto, was wollen Sie mehr. Ob er Ihnen die ganzen Umzugskosten oder nur einen Teil wiedergibt, liegt im Ermessen Ihres neuen Arbeitgebers. Gesetzliche Verpflichtungen gibt es hier für ihn nicht. Was er Ihnen ersetzt, gibt er Ihnen freiwillig.

Umzugskosten von der Steuer absetzen

Ihre Umzugskosten können Sie nämlich auch in Ihrer Steuererklärung als Werbungskosten geltend machen – natürlich ausgenommen das, was Sie schon vom Chef bekommen haben.

Übrigens wird ein Umzug grundsätzlich als berufsbedingt angesehen, wenn sich Ihre arbeitstägliche Fahrtzeit zwischen Wohnung und Arbeitsplatz um mindestens eine Stunde verringert. Schön, wenn Sie auch hier zusätzliche Unterstützung von Ihrem neuen Arbeitgeber kriegen!

Mietzuschuss gibt's auch noch

Nur leider nicht mehr oft. Auch hier sind Sie auf die Großzügigkeit Ihres neuen Arbeitgebers angewiesen. Wenn Ihr neuer Job soweit von Ihrem jetzigen Wohnort weg ist, dass Sie gezwungen sind, sich eine Zweitwohnung zu nehmen, dann machen Sie einen Luftsprung, wenn Ihr Chef die kompletten Mietkosten übernimmt! In manchen Jobs ist das so, aber leider nicht in vielen.

 Wenn Sie vom Chef nichts bekommen, können Sie auch diese Kosten in Ihrer Steuererklärung als Aufwendungen für doppelte Haushaltsführung absetzen.

Fragen Sie aber erst mal Ihren neuen Chef, ob und was er bereit ist zu zahlen. Im Zweifel lohnt sich sogar eher ein Umzug!

Der totale Luxus: die Dienstwagenregelung

Was ist Ihr Traumauto? Audi, Mercedes, Jaguar, Ferrari? Werden Sie mal nicht größenwahnsinnig! Sie können sich »von« schreiben, wenn Sie überhaupt einen Dienstwagen bekommen. In aller Regel hängt das von Ihrer Position ab. Klar, je weiter oben Sie in der Hierarchie der Firma stehen, desto größer sind die Chancen auf ein echt tolles Spielzeug. Jedes Unternehmen hat hier seine eigenen Spielregeln:

- ✔ Je nach Position steht Ihnen ein kleineres oder größeres Auto zu.
- ✔ Tanken geht auf Kosten der Firma – schließlich nutzen Sie Ihr Dienstfahrzeug ja auch nur für Dienstfahrten.

✔ In aller Regel müssen Sie einen gewissen finanziellen Anteil selbst tragen. Damit kann dann zum Beispiel auch Ihre private Nutzung abgesichert sein.

 Denken Sie bitte daran, dass Sie bei Ihrer Steuererklärung hier zu Angaben verpflichtet sind.

Kriegen Sie keinen Firmenwagen, sondern die Erlaubnis, Ihr eigenes Auto für Dienstfahrten zu nutzen, erstattet Ihnen Ihr Arbeitgeber für die gefahrenen Kilometer eine festgelegte Kilometerpauschale. Immerhin! Besser als gar nichts.

Apropos Reisen: Wie frühzeitig reisen Sie an?

Bei Ihrer Vorplanung haben Sie gemerkt, dass Sie auf jeden Fall »etwas Luft« brauchen. Also nix mit Ausschlafen, außer Ihr Termin ist erst ab dem späten Vormittag geplant.

✔ Fahren Sie mit dem Auto so frühzeitig los, dass Sie noch gemütlich eine Tasse Kaffee trinken können, wenn Sie Ihr Ziel erreicht haben. Je nachdem wie weit und wie stauträchtig Ihr Fahrtweg ist, sollten Sie zwischen einer guten halben bis über eine Stunde eher losfahren.

✔ Bei öffentlichen Verkehrsmitteln ist es ebenfalls ratsam, mindestens einen Zug oder Bus eher zu nehmen, lieber sogar noch früher. Denken Sie an die gute Tasse Kaffee, die Sie sich gönnen können, während andere völlig gehetzt unterwegs sind.

Da Sie sich keine Sorge wegen Ihrer Pünktlichkeit machen müssen, können Sie Ihrem Gespräch auch wesentlich gelassener und entspannter entgegensehen!

Verspätet oder gar krank? Was nun?

Sie haben Ihre Anreise so super geplant, sind total früh losgefahren und jetzt hängen Sie irgendwo auf dem Weg fest und es geht nichts mehr. Mit anderen Worten: Sie kommen auf keinen Fall rechtzeitig zu Ihrem Gespräch! Peinlich, nicht? Muss es doch aber gar nicht erst werden! Rufen Sie an! Wen? Na die Firma natürlich, die Sie eingeladen hat. Sie haben keine Telefonnummer? Das gibt's ja gar nicht!

Wie wurden Sie zu Ihrem Vorstellungsgespräch eingeladen?

Telefonisch?

- ✔ Dann haben Sie sich den Namen des Anrufes notiert und seine Telefonnummer, damit Sie sich jederzeit mit ihm in Verbindung setzen können. Den Zettel packen Sie auf alle Fälle in Ihr »Reisegepäck«, bevor Sie losfahren.

Die Einladung kam mit der Post?

- ✔ Noch besser: Auf dem Einladungsbrief steht Ihr Ansprechpartner, seine Telefonnummer, und irgendwo auf diesem Brief steht garantiert auch die Nummer der Telefonzentrale des Unternehmens. Was wollen Sie noch mehr? Ihr Einladungsschreiben haben Sie doch sowieso dabei, also ist Anrufen überhaupt kein Problem.

> ### *Rufen Sie persönlich an!*
> Es sieht schon merkwürdig aus, wenn Sie einen Dritten bitten, für Sie dem Unternehmen Bescheid zu geben. Wenn Sie jemand anders anrufen können, warum rufen Sie dann nicht selbst an? Das hinterlässt ein Geschmäckle …

Wenn Sie Ihren »Gastgeber« persönlich informieren, werden Sie umgehend und freundlich einen neuen Terminvorschlag bekommen.

Das Gleiche gilt bei Krankheit! Rufen Sie persönlich an und geben Sie Bescheid! Und zwar pronto!

Sie werden bereits Tage vor Ihrem Termin krank?

- ✔ Ab zum Arzt
- ✔ Krankmeldung mitnehmen (die brauchen Sie ja sowieso für Ihren »Noch«-Arbeitgeber)
- ✔ Kopie machen oder machen lassen
- ✔ Firma anrufen, sagen, dass Sie krank sind und anbieten eine Kopie der Krankmeldung zu schicken

Damit machen Sie einen ordentlichen, zuverlässigen und verbindlichen Eindruck! Und das, obwohl Sie bislang noch nicht mal vorstellig wurden!

Sie bitten um eine Terminverschiebung und bekommen diese ohne Probleme.

Sie werden einen Tag vor oder direkt am Tag Ihres Gesprächs krank?

- ✔ Auch wenn Sie rechtlich gesehen erst ab dem dritten Tag eine Krankmeldung brauchen, gehen Sie unbedingt zum Arzt und lassen sich Ihre Krankmeldung auch für nur einen einzigen Tag geben!

Das ist einfach besser, als ohne Krankmeldung wegen *plötzlicher Krankheit* um eine Terminverschiebung zu bitten. Denn das wirkt, als hätten Sie so heftiges Lampenfieber, dass Sie sich nicht zum Gespräch trauen! Und das ist schließlich ganz und gar nicht der Fall: Sie freuen sich seit Wochen ein fußballgroßes Loch in Ihren Bauch, dass Sie die Chance haben, sich persönlich vorzustellen!

 Bieten Sie bei Ihrer Absage auch diesmal an, eine Kopie der Krankmeldung zu schicken, und vereinbaren Sie einen neuen Termin.

Ich will mein Geld zurück! Erstattung entstandener Kosten

Wurden Sie zum Vorstellungsgespräch eingeladen? Prima! In dem Fall haben Sie einen gesetzlichen Anspruch auf Erstattung Ihrer Auslagen gemäß § 670 BGB. Das bedeutet für Sie unter Umständen jede Menge Geld:

- ✔ Kosten für öffentliche Verkehrsmittel (Busse und Bahnen) werden Ihnen gegen Belegvorlage zu hundert Prozent erstattet.
- ✔ Für Autofahrten gilt die jeweils aktuelle Kilometerpauschale.
- ✔ Flüge sind eine *heiße* Kiste! Fragen Sie lieber zweimal nach, ob Ihr potenzieller Arbeitgeber tatsächlich Ihre Flugkosten übernimmt! Wenn Sie alternativ reisen können und das viel günstiger als mit dem Flugzeug, kann es Ihnen passieren, dass Ihr Gastgeber nur den Teil der Flugkosten übernimmt, den er Ihnen bei Nutzung anderer Verkehrsmittel auch gezahlt hätte.

✔ Übernachtungskosten können Sie dann verlangen, wenn Sie soweit von der Firma weg wohnen, dass Ihnen wegen der Entfernung und der damit einhergehenden ewig langen Fahrtzeit die Fahrtstrecke an einem Tag nicht zweimal zugemutet werden kann.

Pech haben Sie nur dann, wenn Ihr Gastgeber im Voraus darauf hinweist, dass er weder Reise- noch Übernachtungskosten übernimmt! Tut er das, haben Sie keinen Anspruch auf Erstattung durch ihn.

Sie bleiben dennoch nicht völlig auf Ihren Kosten sitzen! Im Rahmen Ihrer persönlichen Steuererklärung können Sie Ihre Bewerbungskosten entweder als »Werbungskosten« oder als »Sonderausgaben« geltend machen. Fragen Sie Ihren Steuerberater, was für Sie am günstigsten ist!

Die zehn wichtigsten Tipps für gute Vorstellungsgespräche

12

> ### In diesem Kapitel
> ✔ Achten Sie auf Ihr Äußeres
> ✔ Unterschätzen Sie nie Ihre innere Ausstrahlung
> ✔ Sie brauchen eine gute Konstitution

Ob ein Vorstellungsgespräch gut oder schlecht läuft, hängt nicht allein vom Gesprächsinhalt ab. Wenn sich Menschen begegnen, entsteht eine Atmosphäre. Die kann angenehm sein, sodass sich jeder wohlfühlt. Wo Menschen sich wohlfühlen, gehen sie entsprechend einfühlsam miteinander um und es entstehen richtig gute Gespräche. Was kann nun alles zu einer solch guten Gesprächsatmosphäre beitragen?

Wie Du kommst gegangen, so wirst Du empfangen

Ausgerechnet der Spruch! Wie geht's Ihnen, wenn Sie sich mit einem Menschen unterhalten sollen, der in seinen absolut letzten und völlig verlumpten Klamotten vor Ihnen steht? Sie fragen sich sofort: »Den soll ich einstellen?« Niemals! So einen Mitarbeiter wollen Sie auf keinen Fall in Ihrer Firma haben.

Ein Bewerber soll ordentlich gekleidet sein. Dass müssen keine maßgeschneiderten Kleider oder Designerklamotten sein. Die Kleidung soll sauber sein und zu dem Träger passen.

>
> ### *Nicht nur Kleider machen Leute*
> Entscheidend für Ihre Kleiderauswahl ist auch die Firma, bei der Sie sich bewerben. In einem klassisch konservativen Unternehmen wie zum Beispiel einer Bank werden Sie sicher nicht im Blaumann erscheinen und bei einem Handwerksbetrieb nicht unbedingt im Boss-Anzug. Es ist also sehr wichtig, dass Sie wissen, wie »modern« Ihr künftiger Arbeitgeber ist.
>
> Achten Sie auch auf:
>
> - Geputzte Schuhe, deren Absätze nicht abgelaufen sind
> - Saubere und gefeilte Fingernägel
> - Dezentes Parfüm oder Aftershave

Der Kampf gegen Hektikflecken

Sie finden es unmöglich, dass jeder sofort Ihre Aufregung sieht, weil Sie Hektikflecken im Gesicht, an Hals und Dekolleté bekommen. Warum denn? Was signalisieren diese Flecken denn außer Ihrer Aufregung noch ganz deutlich? Dass Sie Gefühle haben. Wie schön! Sie sind aufgeregt

- weil Sie sich auf das Vorstellungsgespräch freuen,
- weil Sie neugierig sind, was nun alles auf Sie zukommt,
- und weil Sie auch ein bisschen die Sorge haben, Sie könnten sich irgendwie blamieren.

Ihre Aufregung ist absolut wichtig! So bleiben Sie nämlich wachsam und nehmen Ihr Umfeld und vor allem Ihren Gesprächspartner aufmerksam wahr.

Akzeptieren Sie Ihre Hektikflecken! Wegzaubern geht nicht. Und passen Sie mal auf, was passiert, wenn Sie Ihre Flecken als gegeben hinnehmen und sich sagen, ist nun mal so, ich kann's nicht ändern. Sie werden zunehmend weniger Hektikflecken kriegen, weil Sie sich immer weniger von ihnen gestört fühlen und sich immer weniger mit ihnen befassen. Mal sehen, ob Ihre Flecken irgendwann mal gar nicht mehr kommen.

Reden kann jeder

Wie sieht das Reden in einem Vorstellungsgespräch aus? Sie wollen einiges über den Job und die Firma erfahren, Ihr Gesprächspartner will jede Menge über Sie wissen. Es könnte also jeder einen gleich hohen Redeanteil haben. Tatsache ist, dass in jedem guten Bewerbungsgespräch der Bewerber einen wesentlich höheren Redeanteil hat.

 Fangen Sie ja nicht, jetzt auch noch irgendwelche Rhetorik-Ratgeber zu wälzen. Sie müssen Ihren Gesprächspartner doch gar nicht mit rhetorisch hochtrabender Redegewandtheit einlullen!

Ihr höherer Redeanteil ergibt sich automatisch durch die vielen verschiedenen offenen Fragen, die Ihnen Ihr Gesprächspartner stellt. Antworten Sie wie Sie sind, natürlich und authentisch. Auf manche Fragen gibt es mehr, zu anderen eben weniger zu sagen.

... *zuhören auch?*

Wie oft hatten Sie schon das Gefühl, dass Ihnen jemand einen Redeschwall entgegenschleudert, ohne Ihre Frage tatsächlich zu beantworten? Der andere hat Ihnen nämlich nicht richtig zugehört. Was passiert, wenn ein Bewerber im Vorstellungsgespräch nicht richtig zuhört? Genau: Er gibt falsche und/oder unvollständige oder gar missverständliche Antworten und katapultiert sich damit selbst aus dem Rennen! Zuhören heißt aber nicht nur dasitzen und den anderen ausreden und seine Frage stellen lassen.

- ✔ Dass Sie Ihrem Gesprächspartner konzentriert zuhören, signalisieren Sie bereits durch Ihre Körpersprache, indem Sie mit dem Kopf nicken.

- ✔ Auch mit kleinen Worten, die Sie quasi in Ihren Bart murmeln, zeigen Sie sich aufmerksam: »Hmm. Ja. Aha. Genau. Ach so.«

- ✔ Sie können auch gerne rückfragen: »Habe ich Sie richtig verstanden, dass ...« oder »Wenn ich Ihre Frage richtig verstehe, möchten Sie wissen, ob ...«

 Was machen Sie, wenn Sie Ihren Gesprächspartner nicht richtig verstanden haben und nicht wissen, um was es ihm gerade geht? Sie sagen die Wahrheit. Sie sagen ihm, dass Sie ihn gerade nicht richtig verstanden haben und bitten ihn, seine Aussage und/oder Frage nochmals zu wiederholen. Auf keinen Fall stellen Sie irgendeine Antwort in den Raum.

Richtiges und gutes Zuhören ist also die Voraussetzung für ein gutes Gespräch, in dem die Gesprächspartner dann auch miteinander und nicht aneinander vorbeireden.

Wenn die Wellenlänge nicht stimmt

Es gibt Vorstellungsgespräche, bei denen Sie sich einfach unwohl fühlen. Woran das liegt, können Sie gar nicht mal konkret beschreiben. Sie wissen nicht so recht, ob der andere Sie mag und/oder Ihr Gesprächspartner ist Ihnen total unsympathisch. Solche Gefühle bremsen Sie als Bewerber ein bisschen aus, weil Sie sich wegen dieses merkwürdigen Gefühls im Vorstellungsgespräch nicht so offen zeigen und geben, wie Sie das sonst tun. Das heißt aber noch lange nicht, dass dies kein gutes Vorstellungsgespräch wird.

 Nehmen Sie die Situation so, wie Sie ist, und konzentrieren Sie sich auf das, was Ihr Gesprächspartner erzählt und vor allem auf seine Fragen! Sie wissen doch, wie wichtig das ist!

Wenn Ihr Bewerbungsgespräch beendet ist und Sie noch immer interessiert sind, herauszufinden, warum die Wellenlänge bei Ihnen beiden nicht gestimmt hat, können Sie sich im Anschluss in Ruhe damit auseinandersetzen.

Verbindlichkeit – das Zauberwort schlechthin

Wann strahlt ein Mensch für Sie Verbindlichkeit aus? Ist er besonders freundlich, höflich oder einfach nur angenehm? Auf alle Fälle vermittelt er Ihnen ein gutes Gefühl. Nämlich das Gefühl, dass Sie bei ihm gut aufgehoben sind:

- ✔ Dass er Sie respektiert und achtet.
- ✔ Dass er ein offenes Ohr für Sie hat.
- ✔ Dass Sie ihm vertrauen können.

> ### So verbindlich sind Sie
> Durch eine Kombination vieler verschiedener Verhaltensweisen signalisieren Sie in Ihrem Vorstellungsgespräch Ihre Verbindlichkeit:
> - ✔ Sie hören aufmerksam zu und fragen nach, wenn Sie Aussagen nicht verstehen.
> - ✔ Sie reden in ruhigem Ton und geben aussagekräftige, informative Antworten.
> - ✔ Sie verlieren kein schlechtes Wort über Ihre alte Firma und beweisen damit Ihre Loyalität.
> - ✔ Sie sind pünktlich, ordentlich gekleidet und gut vorbereitet zu Ihrem Bewerbungsgespräch erschienen.

Merken Sie etwas? Sie sind verbindlich, ohne dass Sie das bislang so bewusst wahrgenommen haben. Ist das nicht toll? Machen Sie sich noch mal in aller Ruhe klar, wie Sie sich in Ihrem Vorstellungsgespräch verhalten. Es gibt bestimmt noch mehr Verhaltensweisen und Eigenschaften, mit denen Sie Ihre Verbindlichkeit zum Ausdruck bringen.

Konzentration ist trainierbar

Sie lieben die Abwechslung und die Ablenkung. Vor allem, wenn Sie zu etwas keine Lust haben, nicht wahr? In Ihrem

Vorstellungsgespräch müssen Sie aber konzentriert sein. Sie wollen schließlich nicht damit auffallen, dass Sie nach jeder Frage Ihres Gesprächspartners sagen: »Was haben Sie gerade gesagt? Wie bitte ist Ihre Frage? Sorry, ich hab Sie gerade nicht verstanden, können Sie Ihre Frage bitte noch mal wiederholen?« Das ist nicht nur für beide Parteien nervig, das ist letztendlich auch ein K.o.-Kriterium für Sie!

Fangen Sie also an, Konzentration zu üben:

✔ Stellen Sie Radio, Fernseher und Handy aus. Bei Festnetztelefonen aktivieren Sie den Anrufbeantworter und sagen Sie Ihren Familienmitgliedern deutlich, dass Sie jetzt eine Stunde lang nicht gestört werden wollen.

✔ Erstellen Sie eine Zeiteinteilung, mit der Sie Ihre Konzentration Stück für Stück fordern. Das kann so aussehen:

- 1. und 2. Tag   20 Minuten Übungen   nach jeder Übung 5 Minuten Pause
- 3. und 4. Tag   30 Minuten Übungen   nach jeder Übung 5 Minuten Pause
- 5. und 6. Tag   40 Minuten Übungen   nach jeder Übung 3 Minuten Pause
- 7. und 8. Tag   50 Minuten Übungen   nach jeder Übung 3 Minuten Pause
- 9. und 10. Tag   60 Minuten Übungen   nach jeder Übung 1 Minute Pause.

Das ist ein ganz schönes Pensum! Übertreiben Sie es bitte nicht! Diese Zeiteinteilung ist lediglich ein Vorschlag. Sie können Ihre Übungsphasen und die Pausen variieren, wie Sie es brauchen.

> *Hüten Sie sich davor,*
> *auf die Pausen zu verzichten!*
> Die sind wichtig und sinnvoll. Einmal um Luft zu holen und die gerade absolvierte Übung zu verdauen. Und zum anderen um den Kopf für die nächste Übung frei zu kriegen.

Wichtig ist, dass Sie zu dem Ziel kommen, 60 Minuten lang Übungen zu absolvieren und zum Übungswechsel nur eine Minute Pause zu brauchen. Ihre Konzentrationsfähigkeit ist dann bereits so gut, dass Sie vollkommen entspannt in Ihr Vorstellungsgespräch gehen können.

Ausdauer – nur wichtig für Sportler?

Sie brauchen für Ihr Vorstellungsgespräch eine gute Ausdauer. Sie trainieren ja bereits Ihre Konzentrationsfähigkeit. Je länger Sie konzentriert Aufgaben abarbeiten können, desto mehr nimmt auch Ihre Ausdauer zu. Ausdauer heißt aber nicht nur viele Übungen am Fließband absolvieren zu können. Was charakterisiert einen ausdauernden Menschen noch:

✔ Dass er Biss zeigt, am Ball bleibt, auch bei schwierigen Themen oder sogar bei Niederlagen.

✔ Dass er sich Gedanken macht, woran er gescheitert ist und was er in Zukunft besser machen kann.

✔ Dass er sich über seinen Erfolg freut, sich aber nicht darin suhlt und ausruht, sondern Energie tankt, um weiterzumachen.

Wird Ihnen langsam klar, warum Sie für ein Vorstellungsgespräch Ausdauer brauchen? Ganz genau:

✔ Weil Sie zum Beispiel mit schwierigen Fragen konfrontiert werden und diese beantworten müssen.

✔ Weil Sie vielleicht viele Absagen am Fließband bekommen und dennoch immer wieder hoch motiviert in Ihr nächstes Vorstellungsgespräch gehen müssen. Dafür brauchen Sie einen ganz schön langen Atem! Ausdauer eben.

Ausdauer ist somit auch eng verknüpft mit Energie und Kraft, die Sie aufbringen, um zum gewünschten Ziel zu kommen. Dass Sie Ausdauer haben, beweist schon alleine die Tatsache, mit welcher Energie Sie sich durch dieses Buch arbeiten. Weiter so!

In der Ruhe liegt die Kraft

Das sagt sich so einfach. Was passiert denn, wenn Sie völlig aufgeregt in Ihr Vorstellungsgespräch gehen? Sie hören vor lauter Aufregung nicht wirklich, was der andere Ihnen erzählt und Sie fragt.

Wie wollen Sie da ein gutes Gespräch führen? Das klappt beim besten Willen nicht. Es hilft also alles nichts: Sie müssen ruhiger werden:

- ✔ Atmen Sie tief durch und überlegen Sie, was jetzt kommt. Ihr Vorstellungsgespräch.
- ✔ Kann da was passieren, was Sie völlig überraschen könnte. Ja. Und weiter? Sie wissen doch gar nicht, was genau kommt. Also hören Sie auf, sich über Schwierigkeiten, von denen Sie gar nicht wissen können, ob sie tatsächlich eintreten, Gedanken zu machen.
- ✔ Sie haben sich auf Ihr Vorstellungsgespräch vorbereitet. Lassen Sie sich überraschen, was kommt. Gehen Sie jetzt ruhig und kraftvoll in Ihr Gespräch. Sie werden staunen, wie gut das wird!

Ciao oder Adios

Wie wirken diese einfachen kurzen Abschiedsworte auf Sie? Irgendwie flapsig, nicht wahr. *Ciao, Tschüss* und *Adios* nutzen Sie in erster Linie in Ihrem privaten Bereich. Sie begegnen jetzt aber zum ersten Mal Ihrem potenziellen neuen Arbeitgeber. Da wollen Sie doch bis zum letzten Atemzug einen sehr guten Eindruck hinterlassen. Unterschätzen Sie deshalb die Verabschiedung am Gesprächsende nicht!

Verabschieden Sie sich mit Handschlag von allen Ihren Gesprächspartnern und sagen Sie *Auf Wiedersehen*. Schließlich haben Sie ja die Hoffnung, eine Zusage zu bekommen und somit Ihre Gesprächspartner als neue Arbeitgeber wiedersehen zu dürfen.

Mit Ihrer freundlichen Verabschiedung haben Sie zum Abschluss auch einen entsprechend freundlichen Eindruck hinterlassen. Besser geht's nicht!

Stichwortverzeichnis

A

Anreise
　Einladungsschreiben 111
　Krankmeldung 112
　Telefonnummer 111
Anschreiben 15
　Anforderungen des Stellenangebotes 15
　Checkliste 16
　Gehaltsangaben 54
　Gehaltsgrenze 55
Antworten
　Aufstiegsmöglichkeiten 100
　Weiterkomm-Möglichkeiten 100
Arbeitgeberzusatzleistungen
　Altersvorsorge 106
　Dienstwagen 109
　Jobticket 107
　Kasinobetriebe 107
　Umzugskosten 108
Arbeitsschutzgesetz 59
　Schutzkleidung 61
　Sonn-und Feiertagsarbeit 61
Arbeitsvertrag 61
Ausbildung 99

B

Behinderungen 103
　Schwerbehindertengesetz 103
Beobachter 75
Betriebsrentengesetz 106
Bewerbungsgespräch
　Verbindlichkeit 119
Bewerbungsmappe 44
　Unterlagen 44

E

Eigenschaften
　Flexibilität 74
　Kommunikationsverhalten: 73
　Konflikt- und Kompromissfähigkeit 74
　Sprachverhalten 73
　Zielstrebigkeit 74

F

Fragen 90
　Fragetechnik 93
　offene Fragen 90
　Schockfrage 97
　Standardfragen 98
　Überlegenszeit 97

G

Geld 63
　betriebliche Altersvorsorge 64
　Bruttojahresgehalt 64
　Bruttomonatsgehalt 64
　Sonderzahlung 64
　Tarifverträge 65
　Urlaubsgeld 64
　vermögenswirksame Leistungen 64
　Zuschläge 64
　Zuschüsse zur Altersvorsorge 64
Gruppendiskussion
　drei Phasen 75
Gruppeninterview 69
　Anwärmphase 75
　Aufmerksamkeit 81
　Ausdauer 89
　Ausdrucksvermögen 81

Aussprache 81
Blickkontakt 82
Diskussionsphase 75
Diskussionsrunde 75
Energie 89
Gruppendiskussion 70
Gruppenmeinung 83
Hauptteil 75
Initiative 81
Jeden mal ansehen 77
Kontaktverhalten 81
Konzentration 89
Körperhaltung 81
Motivieren 83
Redefluss 81
reden 77
Schluss 75
Sensibilität 83
sitzen 77
Stehen 78
Teamfähigkeit 71
Thema und Zeitrahmen 69

I

Interviewer 75

J

Job 100

K

Karriere
   Karrierebewusstsein 101
   Karrierefrage 101
Kleines Verhaltens-ABC
   Begrüßung 85
   Blickkontakt 87
   freundlich und höflich 86

   Lächeln 87
   nonverbale Kommunikation 87
   Respekt 86
   rücksichtsvoller Umgang 87
   Sitzen 87
   Stehen 87
Kündigung 53
   Arbeitsverhältnis 54
   Auflösungsvertrag 54
   Betriebsrat 53

L

Lebenslauf 13, 42, 99
   Ausbildung 15
   berufliche Entwicklung 15
   Erfahrungen/Kenntnisse 14
   Hobbys 14, 42
   Job 14
   Praxiserfahrung 14
   zeitliche Lücken 43
   zeitliche Reihenfolge 15

M

Mitbewerber 76
   der von sich Überzeugte 82
   der Zurückhaltende 82
   Gemeinsamkeiten 80

P

Probezeit 53

S

Schlüsselqualifikationen 50
Schwangere 103
   Mutterschutzgesetz 104

Stärken 16
    aktiver Zuhörer 73
    andere begeistern 73
    Selbstbewusstsein 72
    Souveränität 72
    Überzeugungskraft 73
Stellenanzeige 42
    Stellenprofil 42

U

Unfallverhütungsvorschriften 59
Unternehmen 98
    Homepage 18
    Industrie- und Handelskammer 18, 98
    Internet 98
    Karrieremöglichkeiten 18
    Kontakt 18
    Kontaktformulars 18
    News 18
    Presse 98
    Unternehmensprofil 17
    Unternehmensziele 99

V

Vorstellungsgespräch 97, 115
    Abschiedsworte 124
    Anwärmphase 39
    Arbeitszeiten 58
    Ausdauer 122
    Ausstrahlung 29
    Blickkontakt 31
    deutliches Reden 25
    Einarbeitungszeit 58
    Gehen 36
    Händedruck 33
    Hauptaufgaben 58
    Hektikflecken 116
    Job 41
    Karriereleiter 14
    Kleiderauswahl 116
    Kleidung 29
    Konzentration 121
    Lächeln 36
    Outfit 29
    Probezeit 58
    Reden 117
    Rollenspiel 49
    Sitzen 33
    Small Talk 39
    Sprachgeschwindigkeit 25
    Stehen 32
    Verabschiedung 124
    Weiterentwicklungsmöglichkeiten 58
    zuhören 118

Z

Zeugnis 44

GEWUSST WIE MIT DEN »POCKETBÜCHERN FÜR DUMMIES«

Das Bewerbungsgespräch
für Dummies
ISBN 978-3-527-70491-0

Der erfolgreiche Verkaufsabschluss
für Dummies
ISBN 978-3-527-70463-7

Gute Teamarbeit für Dummies
ISBN 978-3-527-70462-0

GuV für Dummies
ISBN 978-3-527-70465-1

NLP-Grundlagen für Dummies
ISBN 978-3-527-70456-9

Verhandlungstipps für Dummies
ISBN 978-3-527-70459-0